活動行銷
節慶、會議、展覽與觀光專案

Event Marketing
How to Successfully Promote Events, Festivals, Conventions, and Expositions

劉修祥◎校閱
Leonard H. Hoyle◎著
陳瑞峰、林靜慧◎譯

國家圖書館出版品預行編目資料

活動行銷：節慶、會議、展覽與觀光專案 /
Leonard H. Hoyle著；陳瑞峰, 林靜慧譯. -- 初
版. -- 臺北縣深坑鄉：揚智文化, 2008. 01
　面：　公分
　譯自：Event marketing：how to successfully
promote events, festivals, conventions, and expositions
　ISBN　978-957-818-860-0 (平裝)

1. 行銷管理

496　　　　　　　97001394

觀光旅運系列

活動行銷——節慶、會議、展覽與觀光專案

著　　者 / Leonard H. Hoyle

校　　閱 / 劉修祥

譯　　者 / 陳瑞峰、林靜慧

總 編 輯 / 閻富萍

主　　編 / 張明玲

出 版 者 / 揚智文化事業股份有限公司

發 行 人 / 葉忠賢

地　　址 / 台北縣深坑鄉北深路三段260號8樓

電　　話 / (02)8662-6826

傳　　真 / (02)2664-7633

E-mail / service@ycrc.com.tw

I S B N / 978-957-818-860-0

初版三刷 / 2012年9月

定　　價 / 新台幣350元

＊本書如有缺頁、破損、裝訂錯誤，請寄回更換＊

揚智觀光叢書序

　　觀光事業是新興的綜合性事業，也稱為無煙囪的工業。由於世界各國國民所得普遍增加，商務交往日益頻繁，以及交通工具快捷舒適，觀光旅行已蔚為風氣。加以各國都在極力提倡政府與民間合作進行，因此發展至為迅速，現已形成國際貿易中最大的單一項目之一。

　　觀光事業不僅可以增加一國的「無形輸出」，以平衡國際收支與繁榮社會經濟，同時由於觀光旅客消費的增加，對於整個國家經濟的影響尤為深遠。此外，對於加速文化交流，增進國民外交，促進國際間的瞭解與合作，維護人類友誼與和平，更有重大的貢獻。是以觀光具有政治、經濟、文化教育與社會等各方面為目標的功能，從政治觀點可以開展國民外交，增進國際友誼；從經濟觀點可以爭取外匯收入，加速經濟繁榮；從社會觀點可以增加就業機會，促進均衡發展；從教育觀點可以增強國民健康、充實學識知能。

　　觀光事業是一種服務業，也是一種感官享受的事業，因此觀光客需求的滿足與否乃成為推展觀光的成敗關鍵。唯觀光事業既是以提供服務為主的企業，則有賴大量服務人力之投入。但良好的服務應具備良好的人力素質，良好的人力素質則需要良好的教育與訓練。因此觀光事業對於人力的需求非常殷切，對於人才的教育與訓練，尤應予以最大的重視。

　　觀光事業是一門涉及範圍甚廣的學科，在其廣泛的研究對象中，大致可分為二大類：一為「物」的，包括各種實質的自然資源、觀光相關設施等；一為「人」的，包括遊客和觀光管理及從業

人員等；二者應相互為用，相輔相成，方可竟全功。同時，與觀光直接有關的行業包括旅館、餐廳、旅行社、導遊、遊覽車業、遊樂業以及手工藝品業等，因此人才的需求是各方面的，其中除了一般性的管理服務人才，例如會計、出納等，可由一般性的教育機構供應外，其他人才需要具備的專門知識與技能，則有賴專業的教育和訓練。

然而，人才的訓練與培育非朝夕可蹴，必須根據需要作長期而有計劃的培養，方能適應今後觀光事業的發展；展望國內外觀光事業，由於交通工具的改進、運輸能量的擴大、國際交往的頻繁，無論國際觀光或國民旅遊，都必然會更迅速的成長，因而今後觀光各行業對於人才的需求自更為殷切，因此觀光人才之教育與訓練當愈形重要。

近年，觀光學中文著作雖日增，但所涉及的範圍卻仍嫌不足，實難以滿足學界、業者及讀者的需要。個人從事觀光學研究與教育者，平常與業界言及觀光學用書時，均有難以滿足之憾。基於此一體認，逐萌生編輯一套完整觀光叢書的理念。適得揚智文化公司有此共識，積極支持推行此一計劃，最後乃決定長期編輯一系列的觀光學書籍，並定名為「揚智觀光叢書」。依照編輯構想，這套叢書的編輯方針應走在觀光事業的尖端，做為觀光界前導的指標，並應能確實反應觀光事業的真正需求，以作為國人認識觀光事業的指引，同時要能綜合學術與實務操作的功能，滿足觀光科系學生的學習需要，並可提供業界實務操作及訓練之參考，因此本叢書將有以下幾項特點：

1. 叢書所涉及的內容範圍盡量廣闊，舉凡觀光行政與法規、自然和人文觀光資源的開發與保育、旅館與餐飲經營管理實

務、旅行業經營,以及導遊和領隊的訓練等各種與觀光事業相關課程,都在選輯之列。

2. 各書所採取的理論觀點盡量多元化,不論其立論的學說派別,只要是屬於觀光事業學的範疇,都將兼容並蓄。

3. 各書所討論的內容,有偏重於理論者,有偏重於實用者,而以後者居多。

4. 各書之寫作性質不一,有屬於創作者,有屬於實用者,也有屬於授權翻譯者。

5. 各書之難度與深度不同,有的可用作大專院校觀光科系的教科書,有的可作為相關專業人員的參考書,也有的可供一般社會大眾閱讀。

6. 這套叢書的編輯是長期性的,將隨著社會上的實際需要,繼續加入新的書籍。

此叢書歷經多年的統籌擘劃,網羅國內觀光科系知名的教授以及實際從事實務工作的學者、專家共同參與,研擬出國內第一套完整系列的「觀光叢書」。身為這套叢書的編者,在此感謝所有產、官、學界先進好友的激勵,同時更要感謝本叢書中各書的作者,若非各位作者的奉獻與合作,本叢書當難以順利完成,內容也必非如此充實。同時,也要感謝揚智文化事業有限公司執事諸君的支持與工作人員的辛勞,才能使本叢書得以順利問世。

台灣觀光經營管理專科學校校長

李銘輝　謹識

譯序

　　在台灣的產業生態之中，活動行銷的執行領域遍及於各行各業，無論是金融、電子、百貨、甚至是公益團體、政府單位等公共部門，都有活動行銷工作的著力之處。換言之，活動行銷想當然爾就成為獨立的專門行業，活躍於百業之間；譯者在忘年同窗摯友——呂江泉老師多年的鼓勵與打氣之中，並依持過去從事多年的行銷活動管理、各類活動承辦者的經驗與角色，期望將原著多位專業的活動行銷專家之原意一章一節的翻譯落實。讓讀者可以體會到願意投入鉅資的各家業主對活動效益有何種期待？行銷工作又如何落實於短暫的數小時至數週的活動中？最終如何藉由活動行銷達到長期且持續性的品牌、形象或銷售效應？

　　本書是由美國知名活動行銷公司的執行長及多位專業從業人員所論述的實務專書，讓有志於該領域的在學學生及從業人員，都可以由本書的內容中，體會及落實活動行銷工作的特性及各項操作內容，譯者於學校授課時總會期待以過去的各類活動實例及管理執行的內容，來向未來相關職場的種子學生說明這個行業吸引人之處。因為在每個精采光鮮的行銷活動背後，都有著執行者鉅細靡遺的落實與甘苦。誠如台灣鴻海的執行長郭台銘所言：「魔鬼存在細節之中。」用生產管理的角度來看，活動行銷在實務操作時必須具備完善且周延的規劃與執行，而且還需時時防範可能發生各項突發狀況的風險，讓活動的執行充滿著新鮮、刺激與成就感。

　　全書也詳述活動行銷所落實的各項服務內容、執行細節，以及達成活動一貫的管理流程，因為任何一個細微的差池就可能讓一

場花下鉅資舉辦的活動功敗垂成。章節內容由活動行銷的專業經理人論述，直接由實務面出發，以作者數十年的專業介紹正確的活動行銷管理內容，第一章爲活動行銷概論；第二章爲活動成效最直接的宣傳、廣告及公共關係；第三章爲介紹最具當前實用性的 e 化活動行銷策略；第四章爲經營一個成功活動行銷專案最爲困難的籌措財源方案；第五章及第六章分別介紹活動行銷最重要的客戶來源及內容──各類協會及企業客戶之集會、專業討論會、活動與展覽行銷，以及爲公司機構的會議、產品、服務及活動做行銷，第七章爲各國觀光旅遊最常運用之節慶活動、展覽會與其他特殊活動之行銷方案。

本人主要負責第三、四、六章之翻譯，也感謝擁有多年市場研究專業的林彥伶小姐進行文字校訂潤飾；其他的章節則由林靜慧小姐翻譯。深切期望這本專門針對活動行銷論述、實務及學理兼俱的專書，可以爲觀光、休閒、管理學門的教學先進，以及相關行銷、活動、公關服務等企業從業人員提供一本實用之入門教學用書及管理執行之參考書籍。

陳瑞峰　花蓮　2008

緒言

　　管理學大師彼得‧杜拉克（Peter Ferdinand Drucker）曾說：
「商業只有兩種基本功能：行銷與創新。」杜拉克博士了解，每家
公司（不管是非營利或營利）都必須仔細研究、設計、計劃、協調
與評估其行銷策略，才能不斷達成公司的目標。

　　豪爾（Hoyle）也了解這道理，並在這本開創性的書中幫助讀者
掌握和應用被證實過且成功運作的活動行銷原則。豪爾是最有資格
寫這本書的作者，因為他不僅了解這門新興學科的理論基礎，也熟
悉宣傳與銷售活動在實務上的要求。

　　豪爾在活動行銷領域擁有三十多年的專業經驗，曾經協助行
銷過大大小小的集會、專業討論會、年會、展覽與特殊活動。他曾
擔任美國會議聯絡評議會（Convention Liaison Council, CLC）的主
席，也是美國協會高級主管學會（American Society of Association
Executives, ASAE）的一位領導人物，並且是活動管理業界中最常受
國內協會邀請的講者，例如宗教會議管理協會（Religious Conference
Management Association）。

　　豪爾先生是活動行銷界的第一把交椅，而本書所呈現的是他
三十年來之經驗，加上許多成功的活動管理機構之最佳實務典範。

　　這本書包括許多實用模式，這些模式所共同形成之活動行銷方
法將可確保你未來的活動能夠成功，並使你接下來所定期舉辦的活
動能有更高的獲利。他利用網路活動行銷（cyber event marketing）
的最新知識（活動電子商務），展現如何輕易且有效地運用最新科
技來接觸活動目標市場。

活動行銷

　　如果你所屬的非營利或營利事業為了共同利益，偶爾或定期會將人們召集在一起，本書提供了可以讓你加速成功所需的工具。因為這本有關活動管理之新書的出現，現在或許能擴展杜拉克博士的經典定義，將行銷與創新結合成一無價之機會。《活動行銷》這本書確保你能成為自己企業中的主要行銷革新者。因此，藉由使用這個有價值且重要的新工具，你很快就能讓自己在活動產業界的成功更上一層樓。

喬・葛布蘭博士（Dr. Joe Goldblatt）

認證合格之特殊活動專家（CSEP）

威利活動管理叢書（Wiley Event Management Series）資深編輯

強生暨威爾斯大學（Johnson & Wales University）院長兼教授

作者序

承諾的魔力
. . . .

　　沒有「承諾」，就會猶豫、退縮，而且總是缺乏效率。

　　但是，在所有的創新作法與創造發明行動中有一個根本的真理，此真理若不存在就會扼殺無數的點子與傑出的計畫。那就是在一個人清楚地做下承諾的時刻，天命也跟著運轉，而產生各種對當事人有利的意外事件、會面及實質的幫助。沒有人想像得到這些是會發生在自己身上。

　　我深深崇敬歌德的一個對句：

　　不管你能做什麼事，有什麼樣的夢想，現在就開始。

　　膽量之中蘊含了才幹、力量與魔力！

　　　　　　　　　　　　　　　　──W・H・莫瑞（W. H. Murray, 1840-1904）

　　在我開始從事協會與會議管理事業的早期，某天深夜，一位較年長、睿智的同事在我安靜的辦公室裡與我分享這個關於承諾的哲學。他信手拈來就背出了這句話。那是三十三年前的事。我一直都沒有忘記。

　　當他說完時，我對這句智慧小語感到吃驚，並深受撼動，於是我請我這位良師益友將它重複一次。當他重複時，我快速地將它潦草地抄在一本畫線的筆記本上。我發現自己不僅試著在工作上實踐莫瑞先生的創意概念，也在我的寫作、演講、課堂講授，甚至閒談中與其他人分享他對承諾與相互支持的看法。

　　這張墨跡消退、已髒污的畫線紙在我的桌上已經放了好幾年。在我對工作與生活產生懷疑的時刻，我就會再看它一次，為自己打氣。我因為迷信，所以將那張皺巴巴的原稿壓在自己的紙鎮之下。我確實在電腦與行事曆上做了個副本（只是以防萬一），但是，那紙真跡就在我桌上，就在手邊。經過多年來的使用，它被摺過、捲成紡錘形，而且已殘缺不全，但是它仍是我追尋與信仰的基礎。三十多年來，我珍視與那位老朋友的那次深夜談話，以及我在其間所學到的東西。至今仍是如此。

　　為什麼呢？在活動管理中，特別是在行銷這門學科中，成功與失敗的所有要素都在那幾個句子之中。要徹底成功就要對目標做出承諾。承諾會產生刺激感、創意與具感染力的熱情。它會吸引其他人認同你的目標，為你帶來事半功倍的新資源、人力與支持。這個幫助或許不會來自你預期之處。但是，身為一位活動經理與行銷者，一切必須從你開始。

　　為了確保長期成功，請拒絕「事情應該依照以前的方式來完成」的這個觀念。你必須要想像這個活動的可能樣貌。根據你的夢想來設計它。對朋友與家人、支持者、同事與贊助商描述你的概念。 判斷他們感興趣的程度。找出興趣與支持度最高的人，然後學習「要求訂單」（ask for the order）。這個文本會幫助你朝這個方向努力。

　　要大膽！不要害怕做夢，要將那些夢想付諸行動。然後感受你的活動為其他人所帶來的「才幹、力量與魔力」。

將它建造好，他們就會來

　　在1989年，環球影業公司（Univeral City Studio）發行了「夢幻成真」（*Field of Dreams*）這部電影，它是由凱文・科斯納（Kevin

Costner）、艾美‧麥蒂根（Amy Madigan）、詹姆斯‧瓊斯（James Earl Jones）、伯特‧蘭卡斯特（Burt Lancaster）與雷‧李歐塔（Ray Liotta）主演；這部電影對那些勇於做夢的人表達出強烈的敬意。對我來說，它再次證實了莫瑞對承諾與創造力的哲學，而且我被「將它建造好，他們就會來」這句電影中的箴言深深打動。

　　這部電影的場景是愛荷華（Iowa）戴爾斯維（Dyersville）的一片玉米田中所開闢出的一個菱形棒球場，它就位於一座距離都布克（Dubuque）二十英哩遠的農場上。這個球場在電影中吸引了無數的人，全部都到這個最不可能的偏遠地區來實現個人的夢想。他們的確實現了自己的夢想，而且是以一種難以忘懷的神秘及神奇方式實現了。

　　這與行銷有什麼關係？

　　首先，「這是一個夢想能成真的地方」，就是這個概念緊緊捉住了數百萬人的想像力。其影響之深，即使已超過十二年，原來的農夫仍維護著那個位於玉米田中央的電影實景棒球場，一切就像在影片拍攝期間一樣。這個原始場地的唯一改變就是設置了小貨車與公車的停車場（一直到現在，小貨車與公車仍會在四月到十一月間載來遊客），以及那些服務遊客、販賣商品的營業攤位。

　　其次，到現在為止，滿公車、滿汽車前往尋找那位於愛荷華中部「鳥不生蛋」的玉米田的人都是主動（而非被動）的參與者。他們受到鼓勵走進場中，抓起一顆球與球棒，玩投球遊戲。就像小時候一樣！重新體驗在球場上的光榮夢想、認識一些新的人、開心地玩！

　　他們受到鼓勵晃進玉米田裡，摘下一支玉米，挖一點點土壤帶回家，做為這次體驗的留念。讓這次體驗成為令人難忘的一次。這或許是有效活動管理與行銷的最基本原則。

第三，這個概念本身是具獨創性的。它是一種不同的東西。在特殊活動的數目日益增加，而且挑戰也不斷增加的行銷界中，若要對抗愈來愈多的競爭，獨創性是通往成功的關鍵。對那些參與的人來說，獨特的體驗才是令人難以忘懷的東西。

我有一位老朋友，他寫下了這條「第一誡」來行銷自己在墨西哥的景點管理與活動製作公司：

你不應該期望情況與你在家時一樣，因為你就是為了找不同的東西而離開家。

由於我太太受到愛荷華那個玉米田的獨特行銷方式所吸引，再加上我對它的著迷，於是我在她的安排下得以在一個嚴寒的十月天親身造訪這個「夢想之地」。我是被這個獨特創意的概念、能做永生難忘事情的機會，以及與其他人成為積極參與者的這個點子所吸引。儘管必須對抗冷峻的寒風，我們的確與認識的人和其他以前沒有見過的人玩了接球遊戲。

這棒極了！它使我的靈魂充滿了人類互動的本質；之前本是陌生人的人群在這最不可能的地方找到了共同興趣。它創造出持續數年的個人聯繫。這就是活動產業的精義。

我至今仍將那支玉米掛在我辦公室的牆上，證明我曾到過那裡。我大概再也沒機會重遊舊地，但就某方面來說，我從來不曾離開過。

這與活動行銷又有什麼關係？

將它當做範例：現在，這個「夢想之地」不僅吸引一車一車的觀光客，它也是明星棒球賽、婚禮、接待會、派對與各式各樣的慶典、同學會及其他特殊活動的舉辦場地。愛荷華各地運用了他們的整合行銷技巧，其中包括與都布克會議暨旅客局（Dubuque

Convention and Visitor Bureau）集中式的合作行銷。所有活動都在這個放眼望去只有一間農舍、玉米倉與一兩間穀倉的獨特場地舉行。

但是，我可以再提供一個與這個特殊場所之精神相關的個人實例。就在我造訪愛荷華那個玉米田的數年後，我忙著為自己所管理的貿易協會規劃一個嶄新的教育會議與展覽。這個活動可說是「盡人事、聽天命」的一項努力，不管是好是壞都可能決定這個機構的未來。

這個新活動將面臨來自其他著名協會的激烈競爭，他們都舉辦過營利頗豐、能見度高的會議與展覽。我們要為這初出茅廬的會議創造出一個認同與品牌識別效果。新的市場區隔之界定與目標行銷策略是必要之舉。這並無法保證成功，失敗絕對是可能的。不過，我們仍進行了市場分析與財務預估。

姑且不提競爭，我們的同業與競爭者都在竊笑我們的愚蠢。我們正準備在創造與行銷一個嶄新的活動概念上投注二十五萬多美元（我們所有的財務儲備金）。面對令人卻步且經常不友善的競爭，我們準備放手一搏。

我在夜晚無法成眠。大部分時間都是輾轉難眠。我們應該冒這個險嗎？如果出了問題，我會被要求負責嗎？這是我的協會以及事業前程的關鍵時刻。不管你相不相信，答案就在某天晚上一個斷斷續續的夢中出現：「如果將它建造好，他們就會來。」這個夢變得好清晰。

我們可以制定更好的誘餌戰術、尖端的概念。我們可以設計一個更具創意的活動，來抓住大家對我們這個產業的意象。我們可以利用這個機會提供出席者一個令人難忘的體驗。我們可以設計一個創新的方式使人們能積極（而非消極）地參與。我們可以使它成為對所有人都有利的一個體驗，不管是就金錢或社會／生涯發展動機

的觀點來看都一樣。這些全都是我們要學習的。如果我們做對了，我們可以將自己的協會推上正統地位，在財務上也可以有所盈餘。

這場活動名爲「負擔得起的會議與展覽」（Affordable Meetings Conference and Exposition），是由國際餐旅銷售與行銷協會（Hospitality Sales and Marketing Association International）所贊助。這個活動的舉辦策略需要整合性的行銷技巧、產品設計以及市場研究與區隔。

這一年一度的活動已經成爲一個令人難以置信的成功故事，而這全都因爲活動製作之活動行銷與管理原則乃是原創的、具創意的、鼓勵參與的以及令人難忘的。

「我很樂意以辦派對維生」

尼可拉‧派崔維克（Nikolaj Petrovic）相當喜歡說這個故事。尼可拉現在是「國際文書與資訊管理解決方案協會」（International Association for Document and Information Management Solutions）的執行長，他的專長背景是組織協會、企業會議，以及同學會、展覽、募款活動和其他特殊活動的活動管理與行銷。

他當時在接待處與幾位剛認識的人聊天。他們在討論各自的職業，一個賓客說他是一名律師。另一個說，他擁有數家經銷店。另一個是一家銀行的副總裁。當尼可拉被問到自己的職業時，他回答：「我是一個會議籌劃者。」停頓一下後，他的一位新朋友說：「老天！我很樂意以辦派對維生！」他從來都沒有忘記那段對話。

他後悔沒有機會反駁「辦派對」那個評論的言外之意，因爲他了解自己工作的需求與訓練，而他們不知道。他知道自己每天都必須充實下列各領域的工作知識：

- 群體動力學
- 行銷、宣傳與公共報導
- 財務管理與會計
- 政治與領導統御管理
- 餐飲管理
- 法律與賠償責任
- 場地勘查與選擇
- 交通
- 設施管理
- 住宿與預約
- 報名註冊流程
- 合約與保險
- 節目參與者與講者的聯繫
- 後勤補給、宴會廳與會議場地
- 海運與陸運
- 視聽設備、視訊會議與電子通訊
- 「節目流程」與時間安排
- 帳戶與獎勵金管控
- 舞台籌劃與佈置
- 展覽管理與行銷
- 節目籌劃
- 評估與分析技巧

而且，這還只是專業活動經理人所需的部分知識列表而已。

不管你是忙著行銷一個為兩萬人所準備的重大會議／展覽，或者籌劃一個兩百人出席的結婚喜宴，這當中的許多領域（即使不是全部）都將是你的責任。換句話說，它的內容比「以辦派對維生」

還要多更多。難怪我的朋友尼可拉因為這個評論而感到受侮辱、啞口無言。

行銷：整合式管理工具

有一句諺語是這麼說的：「在某人銷售某樣東西之前，什麼事都不會發生。」這是瑞・莫特利（Red Motley）這位《遊行》（Parade）雜誌的創刊編輯所提出的觀察〔此雜誌是《華盛頓郵報》（Washington Post）的星期天副刊〕。對於會議與活動產業而言，這句話更是再真實不過了。在活動籌劃之初，也就是在著手設定活動本身之主要目標（goals）與方針（objectives）時，就必須開始進行行銷活動。行銷必須能同時反映、驅動那些目的。它也必須將這些目的整合成一個目標，號召人們參與行動，朝實現這個目標前進。

舉例來說，一個教育會議基本上有一個目標：教導參與者。其行銷方式應該強調該活動將提供出席者獨特的教育課程。許多的模糊宣傳以這樣開頭「你受邀出席……」，或者以「請來參加我們第二十屆的年度會議」這種平穩的方式開頭。這些開頭都不如那些宣告：「學習如何提高利潤」或「確保自己的事業能在新千禧年中存續下去」的推銷來得令人注目。

一個會議或許會被設計成專注在幾個目的上，舉例來說，如教育、娛樂，或改變組織未來的治理方式。假設這是我們的活動，那麼行銷應該要能驅動這些目的。舉例來說，平面宣傳應該表明：當你參加這個活動時，你會學習到「成功的技巧」，沉醉在「十年來最偉大的慶典」之中，並發現如何「定位自己的協會以便在新千禧年中成功」之法。

　　基本要點就是，在籌劃過程啓動時就必須開始行銷。唯有如此，它才能形成最強大的整合優勢，進而帶動出席率、利潤，並使出席者再次參與下次的活動。

有效的行銷能掌握内部目標並轉換成外部成果

　　行銷應該整合所有的管理決策，使所有決定能鎖定在活動與贊助機構本身的主要目標與方針上。這個整合可能具有多種形式。它可能是一個精心策劃的活動，用以預先說服企業股東或協會領袖，使他們了解出席以及對一個議題投票表達支持的重要性。它可能用來進行研究，在選擇活動場所的過程中提供協助。行銷可以在爲宣傳某一活動而做的「尋找與發現」新市場的努力過程中扮演重要的角色。當然，它應該包括行銷中其他的典型要素，如廣告、電話行銷與宣傳活動，以便實現所有的活動目標。

　　換句話說，有知識的活動專業人員會在籌劃過程的最初就將行銷併入，這樣就能考慮到所有主要目標、方針與策略，並且以行銷概念加以擴展。在你閱讀本書時，你會了解整合式行銷如何將任務、工作執行、最終評估與未來活動之籌劃結合在一起。而且，你會學到整合式行銷活動之要素爲何。

行銷：多職責的學科領域

　　我們之中的少數人會喜歡「在工作中只做一件事」的機會。若你在活動行銷業中求發展，你大概會發現自己的職責是要跟其他許多可能完全不相關的人、事、物達成平衡。

　　在《特殊活動》（*Special Events*）這本書中，任教於華府之喬治·華盛頓大學（George Washington University）的喬·葛布蘭博士對他的活動管理課程學生提出了自己親身的觀察：

活動行銷

　　許多申請進入活動管理課程的學生告訴我，儘管管理活動只是他們的一個工作職責，但卻是他們做得最開心的一個。因此，他們想在這個專業中尋求進一步的訓練，以促成自己在從事真心喜歡的事業時能長久成功。在學習這些可任意帶著走的技能時，他們同時也使得自己在其他許多專業領域上，擁有長期成功的機會。

　　在本書中，我們將探索行銷學門中所包含的許多職責，包括：

- 平面媒體
- 電子媒體
- 人類動力學
- 群體動力學
- 內部公共關係
- 外部公共關係
- 媒體關係
- 宣傳
- 廣告
- 銷售與商品化
- 贊助關係
- 特殊慶祝活動
- 其他

　　你會發現，工作中的許多其他職責會引導你去尋找對活動管理與行銷之責任有重大價值的資源。你在政府關係活動中曾聯絡過的那間報社或許可以幫忙發佈你所負責籌劃之活動的新聞稿。一直幫助機構建立成員人數的研究公司或許是一個資源，可以用來建置你的宣傳郵寄名冊。在一個相關協會的年度會議上所聽到的那位講者或許會是你的下一位主講人，這些都是活動籌劃的基礎，也是促販活動所需的行銷素材。

最成功的人也是最忙碌的人，這並不令人意外。記得有句老格言說：「人愈辛勤工作，就會愈幸運。」活動行銷的資源就在你身邊。注意人、場地與屬性，它們會使你的下一個活動不同凡響且令人難忘。

一門關於「人」的事業

所以，當我們在進行活動與會議之行銷的探討過程中，請記得一件事：若你決定以此特定之活動做為你的職業，你所從事的是腦部手術的工作。你不是一位醫生，而是一個想法的修正者（a modifier of monds）。你的各類活動透過慶祝使人們快樂；透過教育使他們更聰明；透過互動使他們合作；透過仲裁使他們和解；透過激勵使他們獲利。只要發揮想像力與幹勁，你努力的結果將無可限量。

這是一門關於人的事業。如果你做得對，你就是在修正想法並實現夢想。我知道，行銷與管理得當的活動行銷者所感覺到的滿足感和興奮感是無與倫比的。然而當這個活動結束時，他／她必須回答那個古老問題：「你明年要怎麼超越這次活動？」這是一個偉大的挑戰！這是一個偉大的事業！

鳴謝

喬‧葛布蘭博士，他是一位認證合格的特殊活動專家，他年紀輕輕就已經是世界知名的現代活動管理與行銷實務元老。他握著劍，領軍完成這本書，他指引、鼓勵我走在這條路上並克服困難。我永遠記得他的恩情。

出版社資深編輯喬安娜‧特透桃（JoAnna Turtletaub）的無盡耐心與熱烈支持，對於我書寫、消化與完成這個出版計畫至為重要。

活動行銷

　　艾琳‧透納（Erin M. Turner）是第三章的撰稿人，此章節證明了她在電子活動行銷策略上的經驗與專業，揭開了這個革命性溝通現象的秘紗。

　　比爾‧奈特（Bill Knight）是第四章的撰稿人。他了解到如果沒有足夠的活動資金以及預算實作範本，不可能成事；他所成功經營之活動管理公司就是很好的證明。

　　肯尼‧凡爾德（Kenny Fired）是第七章的撰稿人。肯尼對節慶、展覽會、高爾夫錦標賽與遊行等特殊活動的動態處理方式，素以創造力與原創性聞名。

　　龍守園子（Sonoko Tatsukami）的組織與電腦技能在編排手稿以及將數千張版面組成一個符合邏輯的順序上，發揮了極大的功效。她投注在研究的努力是孜孜不倦且精準的，而她的鼓勵對我們大家都是持續的助力。

特別感謝

　　已故的杰‧盧爾（Jay Lurye）是一位具原創性的活動導師。在1970年代，他在活動製作、策劃、與宣傳上具啟發性的概念，創造了一個處理這門藝術之嶄新獨特的方式。在他向我們展示如何以富有想像力的方式使舊的東西變新，將庸俗變得令人難忘時，他拉著我與年輕同儕們又踢又叫。雖然我們相當的惶恐，卻仍跟隨他。

　　當我們在這個職業中成長，我們發現自己傳授著、實踐著他的概念（因為，儘管這讓我們感到不安，我們發現這些概念真的有用）。他的行銷技巧強調「驚奇」這個要素，而群眾會來瞧瞧有什麼新奇的歡樂在等他們。他所結識的朋友與建立的敵人幾乎一樣多（他的要求逼得旅館業者與供應商焦躁不安，但是當迷霧散去，他

們通常會陶醉在活動的成功與所吸引來的熱情群眾中）。不管是誹謗者或門徒，沒有人能否認他具有創造力的天分。

甚至到了今天，我在活動業界所參加的每一場研討會與讀到的書中，都能看到他的風格與早年的貢獻。你不再經常聽到他的名字，但你會從他的相關成就中受益。

他帶給這個業界的挑戰是令人卻步的，但結果是令人振奮的。我至今仍敬愛他。

致謝

在活動行銷這輛車子的雜物抽屜裡，沒有單一、決定性的操作手冊。實際上，這種手冊有數千本，每一本都以它們之前的書本知識為基礎，也將為未來資訊潮流的知識添加內容。

在我的事業生涯中，我很幸運地能與菁英中的菁英交遊。我的良師益友之中有學者、行銷者、經理、作家、教育家、財務分析師、研究者、協會與企業主管、製作人與律師。不過，他們都有一個顯著的通性。他們都具有活動產業相關領域的專門知識：特殊活動、會議、展覽、公司機構會議、遊程、募款活動、國際研習團、教育專題討論會等等的行銷與管理。他們使贊助這些活動的機構維持健全。這些學科中的每一門都需要一個共通的技能。某人必須宣傳一個點子，然後銷售這個活動。

他們是高明的專業人士，曾對本書做出直接貢獻，或在其發展過程中給我建議，鼓勵我從事這個出版計畫。其他人的影響隨著時間塑造了我對活動行銷的處理方式，以及我將人們聚集在一起學習、解決問題、發展、提升業界與專業的程度，並度過開心時光所帶來的無價滿足感的感謝。

活動行銷

　　透過寫作、講授、商議、行動與友誼，他們傳授了關於這個產業我所知道的所有知識。希望能開展眼界，接觸到他人智慧之渴望是眾人一致的。它引導我們走上具有無數方向的一個旅程，在道路上每轉一個彎，就走向新的啟示、問題、答案與了解。

　　接下來的名單是那些曾充實我對活動行銷之了解的開路先鋒、當代人士與同僚。我曾在他們的身邊學習。我與他們曾一起經歷過無數的活動戰役，每說一次就增加一分精彩。我曾與他們一起走過勝利與試煉，而且我在所有經驗中都學到了東西。因為他們，我才能用這本書與你們分享在活動行銷中的部分知識，這些知識都是這些關係人所賦予我的。這些人是真正的作者：他們仍在這些書頁上繼續自己的教導，述說自己最喜愛的故事。當你繼續這門學問時，你會因他們的智慧而感到更加豐足。當輪到你與你的時代時，你將成為加入這段旅程者的良師益友。

Edward H. Able, Jr.	J. Frankly Dickson, CMP
Cynthia Albright	David Dorf, CHME
James Anderson, Esq.	David Dubois, CAE
Joe M. Baker, Jr., Esq.	Joan Eisenstodt
O. Gordon Banks, CAE	Sara Elliott
Donal E. Bender	Roy B. Evans, Jr., CAE
Joseph Boehret	Duncan Farrell, CMP
Gail Brown	Howard Feiertag, CHA, CHME, CMP
Michael Brunner, CAE	Rose Folsom
Barbara Byrd Keenan, CAE	John Foster III, Esq., CAE
Lincoln H. Colby, CMP	Kenny Fried
Thomas Connellan, Ph. D.	LaRue Frye, CMP
Alice Conway, MM, CSEP	Robert A. Gilbert, CHME

Jill Cornish, IOM

Timothy Cunningham

James R. Daggestt, CAE, CMP

John Jay Daly

Edwin L. Griffin, Jr., CAE

Leon J. Gross, Ph. D.

Earl C. Hargrove, Jr.

Marilyn Hauck, CMP

Donald E. Hawkins, Ph.D.

Anne Daly Heller

Ross E. Heller

Kenneth Hine, CHA

Jonathan T. Howe, Esq.

Judy Hoyle

Bernard J. Imming, CAE

Thomas J. A. Jones

Finiana Joseph

Bill Just, CAE, CMP

Walter M. Kardy

David C. King

Jeffrey W. King, Esq.

George D. Kirkland, CAE

William Knight

Thomas Knowlton, CHME

Gary A. LaBranche, CAE

Amy A. Ledoux, CMP

Joe Goldblatt, CSEP

Glenn Graham, CHME

Richard Green

Lawrence P. Mutter

Jill Norvell

Mary Lou O'Brian

Michael Olson, CAE

Neil Ostergren, CHME

Nikolaj M. Petrovic, CAE

Adrian Phillips, CHME

Paul Radde, Ph. D.

Alan T. Rains, Jr.

Priscilla Richardson

Julia Rutherford-Silvers, CSEP

Susan Sarfati, CAE

Peter Shure

Robert H. Steel, CAE

Debbie Stratton

Martin L. Taylor

Jerry Teplitz, J.D., Ph.D.

Charles Ticho

James Tierney, CHME

Erin Turner

Sylvia van Laar

Jack J. Vaughn, CHA

John C. Vickerman

活動行銷

Hugh K. Lee

Sammy Little

Vance Lockhart, CAE

Cornelius R. Love III

James P. Low, CAE

Jay Lurye

Sandi Lynn, CMP

Joan Machinchick

Dawn M. Mancuso. CAE

Thomas T. McCarthy, CHMA

Linda R. McKinney

Caren Milman

Scott Ward

George D. Webster, Esq.

Ilsa Whittemore

Jack Withiam, Esq.

DeWayne WOodring, CMP

Charles L. Wrye

Jill Zeigenfus

Ron Zemke

George Washington University,

Event Management Certificate Program

Johnson & Wales University,

Alan Shawn Feinstein Graduate School

John F. Metcalfe

Charles M. Mortensen, CAE

目錄

第6章
公司機構之會議、產品、服務及活動的行銷　155

第7章
節慶活動、展覽會與其他特殊活動之行銷　181

第 *8* 章
活動行銷的趨勢　205

第 *1* 章
活動行銷概論

偉大的事物不是一夕造成的。

—— 艾比克泰德（*Epictetus*，約西元50至120年）

當你讀完這一章，你將能夠：

◆ 認識活動行銷界的一些先驅。

◆ 了解各種協會與專業社團推動活動行銷的發展過程。

◆ 體會整合行銷的基本原理，以掌握所能接觸的最大目標群眾。

一些具有創造力的人為了讓人們注意到他們的活動，並提高銷售成績，他們都曾有超乎傳統的想像力，而歷史上不乏這樣的天才。我們能從他們獨特、有時亂無章法的噱頭及賣點中學到很多。雖然他們的工作場所和投注的事業可能非常不同，但他們都有共通的目標，也就是活動行銷中的3E：

❑ 娛樂（Entertainment）

❑ 刺激感（Excitement）

❑ 進取心（Enterprise）

不管是要宣傳一場大型會議或單獨的頒獎宴會，這三個要素對於每次活動是否能接連不斷的成功都至關重要。舉例來說，「娛樂」在我們的社會中隨手可得。數年前，人們為了享受娛樂必須特地離開家，才能看戲或參與體育活動。現在，他們沉浸在電視、CD與DVD、電腦及錄影帶這些家用娛樂的便利選擇中。行銷活動的成功與否，其關鍵就在於必須提供一種娛樂，它能再次令觀眾離開

家，去體驗在家中所找不到的樂趣，因為你所提供的是不同的、獨特的，而且是專為他們設計的娛樂活動。

「刺激感」或許觸摸不到，但它卻是很眞實的。它是使活動行銷令人難忘的關鍵。刺激感或許是由「吸引全場目光」之娛樂所產生的：很棒的樂團、令人目炫神迷的魔術師、在度假飯店的中庭廣場所舉辦的絕佳派對。但是，這些娛樂或許和活動行銷人員所保證的刺激感完全無關。許多行銷人員因為不會利用會議及其他活動的重要特色，而錯失帶給來賓刺激感的機會。

對一位業界領袖的頌揚大會、於銷售會議上發表公司的新商標，或者某個協會的週年慶祝活動，都是可以發揮「刺激感」的場合。重點是，刺激感應該永遠被視為有效行銷計畫中的一部分。

例如，對一個出席者來說，最大的刺激感可能是在一特殊教育活動方案中令人大開眼界的啟發，它能增進知識及工作機會，並永久改變生命。或者，可以是某位主講人的影響；對聽講人而言，主講人激勵人心的話語將成為一項永久的資產、珍藏的回憶。你學到了什麼呢？就是不管你行銷的是什麼，都要將刺激感納入計畫的保證事項中，並確實履行。

在《韋氏大辭典》（*Webster's Unabridged Dictionary*）中，「進取心」被定義為「準備好要冒險或嘗試從未嘗試的事物；精力與主動精神」。如果我們要用一個特質來定義這些在活動行銷中的開路先鋒，那就是進取心。就是這股想延伸理性界線、航向未知海域的意圖，使得行銷的原創探險家們在試圖吸引大眾時，得以進入這些人的想像與意識之中。

> 如果你知道自己不能失敗，那你會做什麼樣的嘗試？

他們了解人們有一些天生的傾向：他們想體驗新事物，想成為第一個描述這些經驗給朋友聽的人，並渴望成為新事業體中的一部分。他們想要「吸引全場目光」，並勇於詢問一些大膽的問題。

讓我們來看看以下這幾位行銷先鋒。

比爾·維克

比爾·維克（Bill Veeck）是首位職棒界的宣傳天才。他擁有克里夫蘭印地安人隊（Cleveland Indians）、芝加哥白襪隊（Chicago White Sox）、聖路易棕人隊（St. Louis Browns），以及兩個小聯盟球隊，他善於吸引他人注意，無人能出其右。他體認到：在1930和1940年代，一個正走出經濟蕭條與戰爭歲月的國家，需要的不只是花錢到運動場上觀賞比賽而已。他們需要娛樂與刺激感，而他的進取心自然不在話下。

他最大的長處在於，他能判定哪些是球迷想要且願意花錢買的東西。他經常混入棒球場的觀眾席中，對此，他的兒子麥克（Mike）解釋說：「我想，爸爸坐在看台上的舉動被人視為古怪之舉。但是，這只是他做『市場研究』的方式。」

舉例來說，維克知道許多芝加哥人下午和晚上都在工廠與畜牧場工作。所以，他安排幾場從早上八點半開始的球賽，當他親自為這些早起的人送上咖啡與玉米片時，此舉吸引了全國的注目。

來他的球場一趟總是會發現驚喜，包括現場音樂與舞者、贈品（從龍蝦到一盒釘子，都是他以物易物換來的），以及第一座「煙火得分板」（每當主隊擊出全壘打時，外野圍牆上的煙火就會點燃）。他還在芝加哥瑞格里球場（Wrigley Field）的外野牆上種植常春藤，這項裝飾使得該球場至今仍為全國公認的地標。

　　但是，或許他最著名（或者說是最惡名昭彰，全看你的觀點為何）的花招是他擔任克里夫蘭印地安人隊的老闆時所做的事。在響亮的喇叭聲中，他雇用了一名侏儒加入印地安人隊。艾迪·嘉德（Eddie Gaedel）的身高為3呎7吋（約110公分），體重只有65磅（約29.5公斤）。在某次球賽的關鍵時刻，嘉德被送上場打擊，以求獲四壞球保送，全場觀眾為之瘋狂。困惑的投手找不到他短小的好球帶，於是在四壞球之後將他保送。維克宣稱，這不是一個花招，而是一個「實用的點子」，必要時，他會毫不遲疑地再用一次。

　　美國聯盟（American League）的主席對此可不高興，並禁止嘉德再次出賽。但是，這個獨特的行銷手法絕對達到令人難忘的標準。五十年後，這個事件仍令各地球迷回味無窮。

傑·羅依

　　如果有所謂整合式行銷與創意思考的能手，那就非傑·羅依（Jay Rurye）莫屬了。他是「影響國際」公司（Impact, International）的創立者兼總裁。「影響國際」是第一家活動製作與行銷的公司，其總公司設在芝加哥，而他許多的原則與創新的執行方式在今日的業界都很常見。他的工作主要是承辦協會的會議，但他最偉大的貢獻在於：透過行銷合作夥伴關係以及設計附帶活動來提高出席率。

　　例如，羅依設計了配偶與青少年的節目，並使它們成為會議的主要部分。他了解到，如果一個機構能對成員的另一半與孩子們行銷其獨特的節目以吸引他們的注意，如此一來，協會成員報名註冊的意願就會更強烈。他的想法沒有錯。

　　他在推廣這些計畫時也相當具有創意。例如，羅依想出了「名

人相見歡」這個活動，並發起「神秘嘉賓」午餐會與歡迎會。協會成員的另一半購買這些活動的門票，他們參加此活動不只希望能見到其他成員的另一半，更能與名人接觸。再來，他透過與戲劇界經紀人的關係，充分掌握了在活動當時會在當地出現的名人，然後支付這些名人一筆合理費用，要他們花一小時參與這個團體的社交活動，看著這些另一半爲了抓住與有名的女演員或歌手聊天的機會而排隊。攝影師用拍立得相機拍下紀念照，並交換親筆簽名。現在，許多公司雇用有「明星臉」的人做相同的事，這招依然能增加出席率，也能引發刺激感。傑‧羅依創造了這個概念，不過他雇用的可是眞的歌手麥考伊（McCoy）！

羅依運用創意與想像力來號召「目標市場」成爲「行銷夥伴」。例如，美國機械工業承包商協會（Mechanical Contractors Association of America）是他的客戶，而他們一直努力要獲得各州與各市分會的支持，來參加年會。羅依的概念是將這些分會從被動角色改爲主動的行銷夥伴。他要引發各分會對這個活動獨有的興趣。

因此，他辦了一個歡迎會與晚餐會做爲會議的高潮，並對各分會下戰帖，邀他們成爲前二十個成立「好客中心」（hospitality centers）的贊助者，他們在此可以供應當地特有的食品與飲料、值得紀念的贈品，以及穿著緬懷該州歷史服裝的人物。主題中心只開放二十個名額。先到先贏。各分會爭相加入。

各分會的自尊心開始高漲，並馬上彼此爭勝。堪薩斯市分會驕傲地提供烤肉，並贈送堪薩斯市酋長隊（Kansas City Chiefs）的足球模型。路易西安納分會送上炸牡蠣與小龍蝦，並丟出狂歡節的金幣，同時喬裝迪克西蘭爵士樂團（Dixieland band）來娛樂觀眾。西雅圖分會用燻鮭魚與華盛頓州的酒來吸引人潮。其他十七座主題區也爲吸引注意彼此競爭。這個派對展現了此協會的深度、廣度與多

樣性,既活潑又刺激。

這個活動是行銷傳奇,而且大大地成功,但是羅依還有一個精巧的謀略。由於食品、飲料及娛樂費用是由各分會負擔,所以這個協會本身省下了一大筆錢。(如果是辦比較制式的派對,那麼所有的花費都得由協會來負擔。)

慢慢地,羅依將創意擴展至公司機構會議與產品發表會,最後成立了一個服務公司,利用將協會活動帶入現代的尖端創意來辦理大學與兄弟會的同學會。他的許多行銷與管理原則,至今仍舊是當代活動製作與宣傳的基礎。

P. T. 巴南及林林兄弟

在十九世紀,費尼爾斯·巴南(Phineas Taylor Barnum)以令人驚奇、怪異行徑為訴求建立了舞台,吸引了人們注意到他的事業。他一手發展出「大肆宣傳」(ballyhoo,此術語與吸引注意力同義)這樣一個廣告與宣傳手法。世界各地的企業或許在不知情的狀況下,仍繼續沿用他所運用之娛樂、刺激感與進取心的原則,並且從中獲利。巴南創造了自己的「明星」,然後,利用廣告、傳單和海報來做宣傳,將他們推入市場。他在以下這個概念上也是先鋒:公開展示藝人、透過博物館與街頭表演建立自己的名氣並獲利。他在1850年代將頭號藝人大張旗鼓地介紹給美國觀眾,其中包括湯姆·拇指將軍(General Tom Thumb,世上最矮的人)、珍寶(Jumbo,世上最大的大象),以及有副金嗓子的珍妮·林德(Jenny Lind,瑞典夜鶯)。

有趣的是,我們注意到他的宣傳活動在美國語彙中留下了永久的影響。除了珍寶這隻大象藝人之外,他還有一隻叫做東·棠朗(Toung Taloung)的天生白象。巴南花了一大筆錢試圖說服觀眾,

東眞的是一隻白象，但卻不太成功。至今，jumbo這個英文字代表龐大，而white elephant（白象）這個詞則表示一個維持起來耗費財力，卻無法產生一些（或任何）有利結果的事物。

他與伙伴詹姆斯・貝利（James A. Bailey）帶著他的巡迴動物園上路，並將這些野生動物與其他的馬戲表演做結合。他們深信，要成功就須將自己的事業帶給大眾，而不是等待觀眾發現他們這個「世上最偉大的表演」。這兩個伙伴在1919年與林林兄弟馬戲團（Ringling Brothers Circus）合併之後，將這個宣傳與行銷的手法帶向精緻藝術的境界。他們爲這個馬戲團的巡迴表演做馬車，上頭華麗地裝飾著驚人的技藝與展品。慢慢地，他們開始將馬車送上火車車廂，然後再購置運貨車廂，並再度用大膽的顏色彩繪車廂，這樣就沒有人會錯過「馬戲團即將來臨」的消息。

儘管目標行銷（target marketing）這個名詞在當時尙未被創造出來，但巴南與貝利已經開始實踐這個概念。他們知道，自己的表演所造訪的社區必須知道「娛樂即將到來，而刺激近在咫尺！」

於是，林林兄弟、巴南與貝利的行銷技巧就此開始，而且延續至今：公布巡迴行程、預先將新聞稿送給相關的媒體來源，並發佈準確的火車時刻表，這樣大家就會帶著「各種年紀的孩子」聚集在沿途的火車站，觀看馬戲團的車廂轟隆而過。他們的目標市場不僅僅是終點城市，還包括全體大眾。

他們橫掃了沿途的每個城鎮，現在，你可以在網站上看見人們張貼火車經過他們社區的照片；這就是富創造力之目標行銷的力量。對於那些不能到好幾英哩外觀賞馬戲表演的人來說，當馬戲團行經其城鎮而讓他們同感榮耀時，他們至少也有參與其中。這是個傑出的行銷策略，目的是用來吸引全國的注意（即使這個產品本來就具有區域性）。然後，爲了爭取更多的曝光機會，他們的製作人

安排了一個從火車站到馬戲團表演場地的遊行；在第一個帳棚都還未架設起來之前，他們就已經吸引群眾近距離地觀賞動物、穿著戲服的演員及小丑。直至今日，街頭「特技」及遊行的組合吸引了數百萬人的注意，其中大多數人都是無法出席該活動者。

　　在許多方面，林林兄弟與P. T. 巴南在十九世紀所開始發展的理論在今日更見其效用。他們永遠無法想像我們今日視爲理所當然的新科技，會使得當時所實行的行銷概念（娛樂、刺激感與進取心）以及對目標市場的了解更具生產力。這個行銷策略不僅使身在表演場地中的人意識到馬戲團的存在，也影響到整個鄉村地區，並創造出早期、較無憂無慮年代的那種溫暖、朦朧的感覺。

　　而這就是P. T. 巴南及林林兄弟一開始的初衷。

喬治 · 馬歇爾

　　在那些接手新興企業，並透過創新與顧客參與來建立超成功商品的人當中，我們可以在其中發現行銷天才。而喬治·馬歇爾（George Preston Marshall）就是這樣的一位行銷專家。

　　在1937年，他買下了一支職業美式足球隊──舊波士頓紅人隊（old Boston Redskins），然後他將經營權移轉到華盛頓特區，並將它重新命名爲華盛頓紅人隊（Washington Redskins）。在當時，職業美式足球只是一項新奇的事物，而不是一項認眞的運動。棒球才是全國性的消遣娛樂。足球是在一個寒冷的星期日下午所做的事，沒有任何意義，也不具任何急迫性。

　　馬歇爾是一個表演的能手，他身邊圍繞著那些分享共同願景的人。他了解，想建立球迷基本盤，他必須在球場上提供懸空球及傳球之外的東西。他需要提供娛樂、刺激感及進取心。他一開始問了

一個傲慢的問題：去年，球迷連一個能加油的球隊都沒有，我們該如何建立會深深感動球迷的「傳統」？

馬歇爾找上了巴尼‧布里斯金（Barnee Breeskin），他是駐華盛頓修翰旅館（Shoreham Hotel）的交響樂團指揮，馬歇爾請他製作了一首戰歌，這是職業足球隊中的創舉。布里斯金的歌曲原本被稱為〈華盛頓紅人隊進行曲〉（Washington Redskins March）。現在，這首歌在全美各地以〈為紅人隊歡呼！〉（Hail to the Redskins!）聞名。

當目標群眾由數百人增加至數千人時，它成為一個口號，而在這支球隊愈來愈受歡迎之後，人們不只在體育場上唱這首歌，他們在街道上、酒吧與小酒館中也唱。六十多年之後，這首歌曲仍是這個足球經營者的主要商品，每當紅人隊觸地得分或踢進球門得分時，群眾都會唱這首歌；這是一項持久的行銷手法。

馬歇爾也領悟到，自己需要一個工具來好好利用這首新頌歌。於是，他再度與布里斯金合作，他們從布里斯金的搖擺樂團開始，進而將這個團體轉型為訓練有素的行進樂隊。紅人隊行進樂隊（Redskins Marching Band）成為職業足球界的首例。

在馬歇爾的行銷頭腦中，他知道這不僅僅是娛樂。它也是引人注意並提高參與率的方式。這個樂隊在這整個區域成為一項主要商品，它不僅在華盛頓特區表演，也到那些沒有足球經營權之爭的南方演出。整個維吉尼亞州、南北卡羅萊納州，甚至遠至南方的喬治亞州的顧客／球迷基本盤都大幅擴增。

有時候，這個音樂娛樂比球賽本身更受人注目。這個球隊在華府的頭三年，球迷的出席率增加了四倍，即經常被歸功於此。

有些人猜測，這些驚人的賽前節目與中場表演所吸引的目標群眾比來看球隊在場上比賽的人還多。專欄作家巴伯‧康辛定（Bob Considine）這樣描述：「紅人隊的球賽就如一齣節奏很快的諷刺時

事滑稽劇,裡頭有提示、布景、音樂、拍子、戲劇場面,以及(男士們,別太吃驚)芭蕾。令人吃驚的是,節目單上居然還容得下一場足球賽。」馬歇爾把他的球隊當做是週日下午的全方位娛樂在行銷(而非只是一場足球賽)。他所吸引的是一家大小,而非只有球迷。在舊葛林菲斯體育場(Griffith Stadium)的一場足球賽變成一項「活動」。足球只是這個慶典的一部分。

然而,展現出馬歇爾在製造噱頭或宣傳產品方面才華的另一個例子就是,每年聖誕節前,他會安排聖誕老人現身在球賽之中。在聖誕假期期間,聖誕老人在球賽中現身不是什麼新鮮事。每到此時,全國各地都會這麼做。但是,在華盛頓特區,聖誕老人現身的「方式」抓住了觀眾的想像力。每年,報紙和廣播都會揣測馬歇爾的新招數。人們會提早買票,就為了確保自己能幸運地親眼目睹聖誕老人的降臨。

在馬歇爾的創意領導下,聖誕老人以各種想像得到的方式現身。數年來,他在響亮的喇叭聲中搭雪橇、揹降落傘、騎馬,或從體育場頂端拴的一條金屬線上垂降下來。在最近幾年,聖誕老人曾經乘著直昇機降落在足球場中,他甚至還曾藉助魔術幻象「突然出現」。這仍是該球隊的傳統及聖誕節娛樂中的一項主題。

正如所有生意一般,在數年前借馬歇爾之力所創造出來的職業足球產業中,幾次超級盃(Super Bowl)或其他活動的成功肯定有助於門票的銷售。但是,任何一個企業的基礎在於建立「品牌認同」(brand recognition)以及不管時機好壞都會來的忠實追隨者。喬治・普力斯頓・馬歇爾體悟到足球的勝敗是一時的,但娛樂及刺激感永遠能夠吸引顧客。

年會與專業討論會的演變：協會的角色

對這些活動行銷的先鋒有所了解之後，我們必須認識同業公會與專業社團，他們提供了使這些活動茁壯的架構。這些組織在專業討論會、博覽會與年會的演變中扮演了重要的角色。

字典將協會定義為一個「具有共同利益的人士所集結成的組織」。自中古世紀與歐洲的行會系統成立以來，協會使人有理由為了共同利益與目的集合在一起。

換句話說，協會是各種活動的孕育者，舉辦活動的目的就是要讓協會持續存在。協會的功能包括：

- 建立產業標準
- 影響立法／政治事務
- 改善雇員／雇主關係
- 利用出版品建立知識主體
- 透過人口統計資料來界定產業／專業
- 藉由團體折扣提供更大的購買力
- 散播一般資訊
- 創造並維持社交關係
- 執行公共服務活動
- 發展統計資料與研究
- 擴展成員的專業發展
- 提供教育與訓練
- 提供團體旅行的機會
- 創造正面的公共關係
- 處理產業／專業的法律事務

❏ 確認並定義共同的目標

❏ 開啓娛樂、人際交遊與同儕互動的機會

　　這些只是協會與專業社團所執行的若干功能。當你檢視每種功能時，你會發現舉辦這些活動的機會，以及爲那些需要行銷活動的人服務的工作機會（請參見圖1-1）。

協會活動的範例

◆ 年會
◆ 博覽會
◆ 研討會
◆ 董事會與委員會
◆ 頒獎典禮
◆ 慶祝活動與週年紀念
◆ 社區服務活動
◆ 專題討論會
◆ 教育與視訊會議
◆ 論文發表
◆ 歡迎會
◆ 運動與娛樂節目
◆ 政治集會
◆ 職員／主管就職
◆ 遊程與研習團
◆ 訓練活動方案

圖1-1　多數協會都會向成員與支持者行銷這些類型的活動。根據每個協會所需之各種特定訓練，也可能產生許多額外的活動類型。

　　相較於其他的機構，協會將活動行銷的界定與認同推動成爲一個專業。「協會活動單純地被視爲一群與會人士戴著奇怪帽子，在飯店大廳裡丟水球狂歡的場合」的這個時代已經過去了。現在，協會與職業工會認爲他們所辦的活動是組織最重要的功能，因爲會員在活動中聚集一定會達到某個特定目標，並象徵此協會的文化。行銷人員必須了解，爭取到會員的時間與金錢是最重要的事。

　　因爲協會的生計端賴活動行銷，於是它由一個組織的「事後之見」轉變爲一個專業領域。且與其他團體相比較，協會社群更能引導其他種類的活動策劃人員發展創新、有創意的方式，吸引人們參與並創造出偉大的副產品——「公共意識」（public awareness）。

　　公司機構會議、宗教靜修、城市慶典、聯歡會、體育活動、募款活動、科技研討會、產品介紹、遊行、頒獎及榮譽餐會……等等，都因爲諸如前述活動行銷術的先鋒所創立的原則而受惠，而且眾多後起的協會從業人員更是不斷精益求精。

　　無論活動的本質爲何，其成功與否端賴活動行銷人員是否對於行銷學中扮演不可或缺角色的5P有所認知。

活動行銷的五P

1. 產品（Product）
2. 價格（Price）
3. 地點（Place）
4. 公共關係（Public Relations）
5. 定位（Positioning）

一、產品

　　成功的活動行銷人員首先要認真研究自己的產品。這項產品可能是項教育活動方案、地方性的展覽會或是一個大規模的年會。它也可能是兄弟會的聯歡會或是一家公司的產品發表會。如果你負責行銷這個活動，那麼有幾項基本要素你一定要知道，你也必須詢問活動贊助商一些問題，如圖1-4所示。

　　1. 活動的歷史為何？ 許多經驗豐富的行銷人員能吸引目標群眾的參與，因為他們懂得行銷這個活動的歡慶本質。「五十週年年會」宣告了一個組織的成功及其悠久歷史，以及身為成員之一的那份驕傲。但是，即使沒有歷史，卻有機會締造歷史。例如，「第一屆的年會」勢必沒有任何歷史，但可被描述為成為某「事件」元老人物的機會，參與者假定它將會是持續性的活動，並轉變為一個傳統，進而發展出長期的忠誠度。活動行銷最了不起的地方就是創造歷史的機會，方法就是吸引目標群眾來參加一個可以界定該組織及其主要目標的聯合活動。

　　一個重要的協會最近慶祝了第十屆的年度教育專業討論會。這個活動的行銷人員將宣傳定位在「十的力量」這個主題上。其間將頒發十個獎項。近年來前十名的演講者也將受邀出席這次的研討會，並在大會中接受頒獎；十位幸運的與會者將獲得「明年活動會費全免」等等相關的活動。「成功的十年」這個簡單的概念是各種行銷活動之主題。無論活動行銷人員希望以何種方式向觀眾詮釋「慶祝歷史」的這個意念，它都是一個極佳的宣傳題材。

　　2. 產品的價值為何？ 從事活動行銷，必須要在訊息中強調與會者獲益的方式。保證將增加出席者的生產力、使獲利增至最大，

或者只是玩得開心，都是能說服人們購買某種產品或參與某個活動的合理利益。之後，我們會討論人口統計學研究及判斷目標群眾需求的這門學問。利用既有的研究來設計一個活動，並有效率地描述出這個活動將如何滿足那些需求，此二者是有效行銷的關鍵。

3. **產品的獨特性為何？** 使此項活動與眾不同的地方何在？人們為什麼該選擇投注時間與金錢在這個活動上，而不選擇其周遭的競爭對手的活動？與會者所預期的投資報酬率（return on investment, ROI）、活動所提供的特殊體驗及參與所得到的附加價值，那些能清楚了解這三項的行銷人員就能成功地行銷活動。要成功行銷活動需要對市場以及對客戶或組織的目標多加研究。唯有如此，產品的獨特性才能在所有被運用的行銷媒介中被辨識與描述。

二、價格

活動行銷人員的主要責任就是要了解贊助機構的財務目標。此目標一旦確立，市場研究就會找出競爭對手的定價模式：誰在提供類似的商品？他們供貨給誰？其售價為何？同樣重要的考量還有：產品需求量，以及譬如在某一特定城市、區域，乃至全球之經濟相對健全度這類的經濟指標。

價格或許僅次於「知覺價值」（perceived value）。這是活動行銷人員能扮演重要角色的領域。

在從事活動行銷時，請考慮以下的定價議題：

1. **企業的財務哲學為何？** 某些活動純粹是設計來賺錢的。其他活動的策略則是打算在財務上打平。還有一些活動被定位為「犧牲打」，也就是說，主辦者預期這個活動會賠錢，但求在其他方面（例如，擴展會員及社區親善）獲取更大的利益。公司機構會議的

花費通常不是以利潤為中心來報銷，而是列為「做生意的成本」建立員工的忠誠與驕傲，並讓員工學習如何將產品銷售與服務做得更好。活動行銷人員必須清楚了解其財務任務，並設計一個可以配合這些目標的策略。

2. **做生意的成本為何？** 價格必須反映商品與服務的總成本，包括行銷本身的成本。在活動製作的過程中，行銷經常退居第二位，因為印刷、郵資、廣告、公共關係及其他基本行銷費用或許不被列入活動預算之中。相反的，它可能會被視為這個機構的經常支出與營運費用的一部分。當活動預算將行銷列為主要的活動機能，並以收支為中心時，行銷人員就會被視為籌辦活動的一部分。

3. **目標群眾的財務人口統計資料為何？** 分析你的市場付款能力。這聽起來很簡單，但這在行銷成果上是很關鍵的。如果有個為主管所設計的活動，這些主管持有公司信用卡，並且他們可以將參加費用呈報為商業開支，那麼活動的定價很可能就會比為自掏腰包的人所辦的活動要來得高。市場研究能幫助你判斷出席者對不同票價的支付能力與意願；因此，其能影響活動本身的規劃。

三、地點

在房地產業有一句關於判定房地產價值的古老諺語：「地點、地點，還是地點。」在餐旅業，當企劃人員決定購買或建造一個新設施時，此句古諺也同樣適用。從事行銷活動時也是如此。活動地點不僅會左右出席率，也會決定這個活動的特性與獨特氛圍。這是在籌辦階段最初期必須考慮的部分。

例如，就一個在奢華度假勝地舉行的活動來說，活動的環境就該是行銷策略的重點部分。活動場地本身甚至可能是在推廣小冊子

知覺價值：一個小鎮的故事

夏日時分，在馬里蘭州（Maryland）的一個小鎮——根瑟斯堡（Gaithersberg），學校都停課了，但一所高中的樂隊成員想要繼續練習。於是，他們在體育館裡安排了一場夏日演奏會。當他們沒有為表演做練習時，他們就在鎮上散發傳單，傳單上寫著「來參加XX高中慶祝夏日的『免費演奏會』」。演奏會的當晚只有部分家長參加。儘管音樂很不錯，但出席率很差。這是一個令人難過的失敗活動。

這個樂隊並不就此屈服，他們又試了一次。他們偶然發現一個行銷原則，基本上就是：一分錢、一分貨。所以，這一次發出去的宣傳單上寫著：「在根瑟斯堡高中樂隊『特別表演』的偉大樂聲中慶祝夏日。成人票只要五塊，學生票二點五塊，十歲以下的孩童免費。座位有限！千萬別錯過！」

這次表演的票全部售完。在夏天結束之前，這個樂隊還另外舉辦了三場演奏會。他們利用扣除成本後的收益買了新制服。知覺價值果然是定價的產物。

與廣告中主要的賣點。在鎮上一個新公共設施所舉辦的頒獎晚宴就該強調出席者有機會體驗這個設施，以此做為活動本身令人興奮的高潮。

另一方面，在機場旅館所舉辦的教育研討會就不需要強調該場所的迷人之處，而是在強調這個地點的方便性及功能性，做為對參與者的主要有利條件。圖1-2列出了在行銷地點之際須謹記在心的幾個重要因素。

1. 鄰近可能的出席者，交通便利
2. 有停車區域（方便開車往返的人）
3. 場地的氣氛與獨創性
4. 舉辦特定活動的後勤實用面
5. 附帶活動所需的景點／公共設施
6. 有相關的目標群眾及機構存在
7. 地點與活動特性的相合程度
8. 保全、活動出席者的安全維護
9. 有大眾運輸系統（機場與城市）
10. 有多餘空間（休憩室與會議室）

圖1-2　選擇地點不只需要根據設施的外觀來做決定，也必須考慮目標群眾及其特性來做選擇。

四、公共關係

公共關係是行銷中的一個重要部分。你可以為任何東西打廣告；也就是說，如何表現你所要行銷的組織與活動，而公共關係可以決定其他人對你和你的任務之看法。做公共關係可以是大膽地派一隊公關代表向報社散發新聞稿或辦記者會來讚揚活動的優點，也可以不著痕跡地讓商業刊物來訪問你機構的領導人，並在訪問中提及即將舉辦的活動及其好處。公共關係活動的本質是它永不停歇；它是一種為建立公司及產品正面形象所做的持續努力。

建立公共關係活動的第一步就是判定目前的觀感為何。現代公共關係的始祖是愛德華·伯內思（Edward Bernays），在餐旅業中最受人景仰的公共關係獎就是根據他的名字來命名〔國際餐旅銷售與

行銷協會（Hospitality Sales and Marketing Association International）所贊助的年度伯內思獎（Bernays Award）〕。伯內思熱衷研究，他知道必須做調查，與推動者進行焦點團體（focus group）訪談，並徹底研究目標市場的態度與需求。他也提出使行銷策略與那些特定需求相符的方法。伯內思提倡行銷需持續不斷地努力做調查，去追查態度的改變，並持續地滿足要求。

要執行有效的公共關係，你不一定要是一個公共關係的專業人士。媒體新聞稿、特別報導或者只是打個電話給商業刊物的編輯都可以為活動帶來無價的宣傳。多數的業界出版品及新聞報紙都相當歡迎這些素材，因為他們可以用這些來「充版面」，而表面上看來仍像新聞文章。這種插頁不僅能為活動（也能為公司）建立可信度。而且這是免費的！

你提供給新聞來源的資訊一定要「有所偏」，但此資訊呈現出來的是一個新聞的風格，而非廣告的調性。舉例來說，你與一個出版品接洽，表示自己將舉行一個產業會議，他們大概會要你「花錢登廣告」。但是，如果你表示在會議的大會上將發展出重大的新經濟與立法提議，且其結果可能會改變這個產業的方向，那麼你獲得報導的機會就會高得多。他們或許會要求你提交一篇文章或提供更多細節。你或許也會在大會中發現一名記者被派來寫追蹤報導或者關於這個議程的社論。

有句老話（稍具挖苦意味）說：「我不在乎你怎麼說我，只要把我的名字寫對就行了。」聽到這句話得小心。你必須在乎別人的話，而且你傳播給大眾的訊息必須仔細安排，以反映活動的特色與策略。

有效的活動行銷人員會抓住每個機會，種下可信度與正面迴響的種子。例如，美國高級主管學會（American Society of Association

Executives）在會議期間舉辦了一個社區計畫做為附帶活動。不管這個協會在哪裡舉行會議，與會的志工即被徵召加入走入社區的活動；抓起油漆桶、鐵鎚與鐵釘，草耙與掃帚；修復一個遊樂場或一棟建築物。此善心之舉不僅吸引了當地報紙、電視及廣播電台的注意，照片與故事更出現在所有的專業期刊上。這個正面結果是無價的。因此，這個會議本身成了該協會擴展可信度、親善、宣傳及廣泛認可的平台。

　　有人可以用金錢來衡量公共關係的價值嗎？或許有人可以（不過，將結果賦予決定性的價值可能是有問題的）。美國公共關係學會（Public Relations Socicty of America）估計，一篇社論報導所具有的價值比起同樣版面大小的廣告成本要高出三倍。

　　在《行銷游擊戰》（*Guerilla Marketing*）這本書中，作者杰·萊文森（Jay Conrad Levinson）為公共關係的價值做了相當具說服力的論證，因為他能完全探知其價值。他之前購買廣告來販售自己出版的書籍。每支付一千元的廣告費，在書籍銷售上即產生三千元的價值。來自他家鄉的一位新聞記者讀了這本書，覺得它相當有趣。於是，他打電話給萊文森，詢問是否能帶一位攝影師來跟他做訪問。在訪問及隨後的新聞文章刊出之後（文章並未直接誘導讀者購買），幾乎立即產生一萬多元的書籍銷售額。萊文森寫道：「……而這個行銷並未花我一毛錢。」

　　圖1-3說明了典型的公共關係策略。

五、定位

　　活動行銷的成功與否有賴於產品的適當定位。在行銷計畫還沒出爐前，任何活動都無法有效推展。行銷計畫很可能決定成敗。成功的行銷計畫關鍵就是「定位」。

活動公共關係的商業工具

◆ 媒體稿（新聞導向）

◆ 公共報導稿（宣傳導向）

◆ 媒體套件（包括照片、自傳、新聞稿、小冊子、機構簡介、日程表、講者的背景與主題、使命宣言、附帶活動）

◆ 聯絡電話號碼、傳真號碼及電子郵件帳號

◆ 廣播與電視節目／通訊稿

◆ 演講的書面稿

◆ 錄影帶

◆ 錄音帶

◆ 邀請函／活動門票

圖1-3 這些可靠有效之公共關係媒介的目的是擴展訊息，並盡可能傳送給最多的目標群眾。

　　定位是一種策略，是透過直覺、研究與評估來判定活動能滿足顧客哪個部分的需求。競爭對手提出了什麼樣的活動？他們需要出席者投入至何種程度？會來參加與不會來參與的人分別是哪些人？換句話說：我們想滿足的是什麼利基市場？是什麼讓我們與眾不同？同時，我們要如何掌握自己的獨特性來行銷這個活動？哪些市場會接受我們的活動概念？能回答這些問題的活動行銷人員最有機會達到期望。在定位一個活動時，以下有一些重要的考量。

地點

　　在之前的活動中，東岸是否較受青睞，使得西岸有一利基市場之機會？一個區域性的活動是否習於服務市區的客戶，而剝奪了那

些住在鄉村地區的人出席的機會？我們是否總是在飯店的宴會廳裡開會？如果換到博物館或遊樂園這種改變步調的場所會不會引起人們新的興趣而考慮參加？我們必須持續地評估地點這個議題，因為市場的興趣一直在改變。

注意力的長度

人們忘得很快。研究顯示，人類每天遭到約兩千七百個訊息轟炸。在這些資訊中，要建立一個活動的定位是一件令人望而生畏的工作。行銷資料必須經常強調此活動能滿足的需求與所提供的好處，因為可能的出席者或許正想著其他的一千件事情。

具競爭力的成本

在定位一個活動時，最主要的考量就是入場費用。競爭對手收取的註冊費有多高？他們辦得有多成功？定位策略必須考慮到我們找尋的目標群眾其經濟水準和彈性程度，並且要與期望相符。有些機構舉行免費入場的活動（因為出席者的資源有限），而成本是由展覽者、贊助者及支持者來負擔。有些活動可能將參與成本設定得非常高，僅吸引大戶及產業領袖出席的利基市場（niche market）。這沒有一個絕對的答案，除此之外，註冊費與參與費用這個議題是正確定位活動的重要部分，也是行銷計畫中不可或缺的一環。

節目

你在活動節目中能提供哪些其他人不會提供的東西，並以此獨特性來做行銷？你或許有一個對產業或社區領袖表達敬意的機會。

或許有一個可以做為特色的教育性市場區隔，或者是設計一個「開放論壇」的辯論來探索這個團體或產業的未來。設計節目的獨特性是成功行銷不可或缺的部分；就長期而言，「雷同」的情況最不利。

保持簡單

定位的考量愈複雜，行銷計畫可能就會愈複雜。行銷計畫愈令人卻步，你就愈不可能忠實地執行。這個計畫應該簡單地指出該機構與活動的優缺點、目標、潛在市場利基的需求、經濟考量，以及使這個企業與眾不同的要素。原則是簡單可行、小而美，而且容易追蹤。

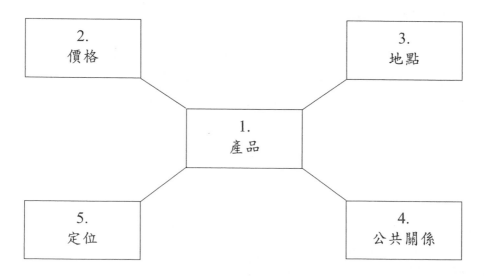

圖1-4　只有當產品被清楚界定時，才能決定透過價格、地點、定位和公共關係來吸引目標群眾所要使用的策略。

研究與分析

　　我們之前學到，行銷五P中的一個關鍵要素就是市場研究與分析。在有效設計並行銷一個活動之前，我們需要決定行銷所針對之目標群眾的渴望、期待與願望。這個活動或許是個原創的產物，或者是一個具有歷史、傳統的年度聚會，但是研究都必須持續進行。

　　研究顯示，30%的美國人每年都會遷移，不是搬家就是換工作。因此，由於人們的改變，其期望也會改變，而市場也就跟著改變。市場必須加以區隔，以便強調那些最重要的市場。機構有其主要（或目標）市場，也就是他們的主流客戶與會員。然而，許多機構透過檢視次級與第三級市場而找到更多的出席者。這可能遠遠擴展至主流市場之外，乃至於供應商、贊助商及附屬供應商。尋求新市場的行動永遠不該停止。研究所有的市場是必要的，因為研究可能顯示一個三級市場在財務上或許比主要目標群眾（活動之標的）更有利可圖。

　　例如，許多會議的召開是藉由商業講習及教育活動方案來服務相同實業團體的協會會員。但是，這些活動之所以可行主要是透過販賣商品與服務給主要會員的那些人在財務上及個人的支持。這些支持者往往都是展覽者、贊助商及廣告商。儘管他們不是會議的主要市場，他們卻形成了一個至關重要的次級市場。因為他們在財務上的支持與影響，使他們的意見與態度具同等重要性，且我們可以透過研究他們所組成的次要市場來判斷其意見與態度。

　　活動行銷人員可透過深度的市場調查，及時發現趨勢，對不斷改變中的需求做出回應，並在問題由小轉大之前將它們解決。隨著人口統計學、慾望及議題的改變，行銷必定也要隨之改變，以便利用所有可取得的宣傳媒介與行銷工具來因應市場的變動。

量化／質化研究

我們該熟悉的研究工具有二個基本的種類：量化研究（Quantitative research）與質化研究（Qualitative research）。在活動前與活動後都可考慮做此兩類研究。質化研究方法在活動期間極為有效。

此二者之間的主要不同在於：量化研究的詮釋空間極小；它是根據數據或分析評等系統所呈現出的一種態度或意見的簡要印象。因為容易執行及列表顯示，做起來通常比較快，花費較少，並且不像質化研究工具那般容許推測的空間。另一方面，質化研究為深度調查，是一個關於意見、目標、遠見及經驗與表現觀察的研究。它比較耗時，花費經常較高；與量化研究相比，較具解釋空間。

再次重申，二者常常同時（或單獨）使用，對活動前的行銷、計畫策略及活動後的評估都有效用。你必須考量時機、團體特色及所需資訊的種類，再決定最好的方式為何。

量化研究（硬性資料）

量化研究在多數個案中是以書面、電子（如運用網際網路）或透過電話行銷方式進行。舉例來說，假設你考慮在年中活動邀請二位主講人。在你活動前的量化研究工具中，你請可能的目標群眾就自己想聆聽的講者以1至10（1是最不想，10是最想）來評等。在回收的問卷中，A講者的平均分數為5.6分，B講者為9.3分。

這個結果不太需要詮釋。這是很「硬」的資料。選擇B講者，否則你就得準備為自己的另一選擇提出說明！對活動行銷及評估的各層面（包括複合教育節目、社交活動及整體經驗反映的評價）來說，這個系統很有幫助。量化研究工具是比較客觀的。

　　問卷的問題可能以二種不同的風格呈現：在圖1-5中，你會看到一個典型的活動前量化研究範本。這個調查範本取自喬‧葛布蘭（Joe Goldblatt）的《現代活動管理的最佳實務範例》（*Best Practices in Modern Event Management*，第二版）。本例使用到二種不同風格的研究項目：問題4使用的是李克特量表（Likert Scale），讓應答者有機會準確地表達自己的意見。沒有任何操縱或解釋的彈性空間。問題5則是利用語意差異量表（semantic differential scale）的技巧，在答案中就有一些操弄的空間。

　　正如葛布蘭博士在自己書中所描述的，語意差異量表式的問題是用來「讓應答者在兩個意義相反的形容詞之間的多個選項中選擇作答」。換句話說，對應答者與調查者來說，此法的「擺動空間」（或許「分析詮釋」是比較適當的詞）比較大。無論如何，其結果提供了某種程度的人口統計資料（demographic data）及心理特性描述（psychographic data）的資料。

質化研究（軟性資料）

　　資料背後隱藏的含義是什麼？這個活動的目的為何？我們想吸引的是市場中哪個範圍內的人？這些是驅使人們做質化研究的問題，這是對於態度、意見、興趣及組織方向做追根究底的調查。就它的本質來說，這種調查是較費時且昂貴的，分析者對結果較容易做出不同且有時相衝突的詮釋。質化研究工具是比較主觀的。

　　不過，質化研究刺激多了！如果你不擔心可能會出現什麼答案的話，它可就是一場「冒險者的研究調查」。換句話說，質化研究的技巧會帶領你到意想不到的地方，引領你走向新奇、嶄新的概念，或許一路走到「夢想之地」。

　　執行質化研究有幾種有利的方式。

活動前的量化研究問卷調查範本

下列調查能使XYZ活動的主辦人決定製作以下活動的可行性。你的參與對這次調查很重要。請回答所有的問題並勾選適當的選項。請於○○○○年○月○日之前將本問卷送回。

1. 性別　☐男性　☐女性
2. 年齡　☐25歲以下　☐26至34歲　☐35至44歲　☐45至60歲　☐60歲以上
3. 收入　☐24,999元以下　☐25,000至34,999元　☐35,000元以上
4. 如果此活動在夏天舉行，我將：（李克特量表）
   ☐不參加　☐或許會參加　☐沒意見　☐很可能會參加　☐肯定會參加
5. 如果此活動在秋天舉行，我將：（語意差異量表）
   不參加　☐1　☐2　☐3　☐4　☐5　肯定會參加
6. 如果你上一題勾選1，請在此描述你不參加的理由：
   （開放式問題）

   _____

   _____

   _____

請在○○○○年○月○日之前將本問卷送至：

活動經理　ＸＸＸ

郵政信箱ＸＸ號

任何地方

若想收到本調查結果的免費副本，請附上你的名片。

圖1-5　本問卷調查範本主要為量化研究，但在第6題加入了以質化研究方法詮釋擴大回應的可能性。

焦點團體

　　這是由一小群對主題有興趣的參與者所組成，他們代表你市場或客戶中的不同份子。他們應該對研究中的這個主題有所了解，但是不一定直接參與活動，他們甚至可能不是你的產品使用者。他們不參與的理由或許會比其他參與者的理由來得更具啟發性。在輕鬆的氣氛中，沒有電話或娛樂干擾，這個團體在一個引導人（facilitator）的帶領下將注意力集中在你的議題上。

　　這位引導人也必須對討論的主題有所認識，但是不應該帶有先入為主的觀念或目的。而這個引導人負責使討論不偏離主題，維持秩序，並且導出結論（不管結論是什麼）。人們常常會使用錄影帶、錄音帶或者至少也會用書面謄稿及掛圖筆記來記錄討論。

　　焦點團體的討論或許會花上一個小時至一天，全看這些議題的廣度與複雜程度。這裡的重點是，要有充足的時間以達成目標。時間壓力是認真討論與形成有意義的共識最大的威脅。

觀察／參與

　　質化研究策略需要警覺性、耗費時間，還要有人際的互動。舉例來說，身為一個活動的行銷人員，你或許會想參觀預設的場地，去「感覺一下」，以便在行銷資料中做生動的描述。與員工或當地人閒聊就能有效地感受到人們對活動感興趣的程度。只要觀察該場地提供服務的水準，並找出在活動中可以避免的可能問題，或許就能直接改善計畫的流程。在註冊桌前的隊伍有多長？停車的難易程度如何？在早餐的尖峰時間，咖啡廳裡是否很擁擠？員工的普遍態度及他們的服務品質如何？內部管理的標準與硬體建築、周圍環境的情況為何？你要變成一名偵探，仔細檢查所有的東西，詳實地做筆記，並具備如雷射般的警覺性，這些都是這個過程中不可或缺的。

在管理及行銷一個重要的全國會議時，我會找時間看看每一間研討室（在三天中總共有六十五場研討會）。我會數人頭，再將總數與房間的總容量相比較。我會注意學生與老師的肢體語言。舉手發問是好事，頭趴在桌上就不妙了。在幾個非正式的離場面談之後，我都會做筆記。

這並不是一門複雜的學問，但卻是驚人的資產；下個年度在選擇主題、師資與空間大小時，我會根據筆記來修正，然後再度行銷一個更加令人難忘的活動。這是最基本也最有效的觀察參與技巧。

執行個案研究

在執行計畫之前，先評估類似的活動，或許能對活動的行銷方式提供獨特的洞見。這項調查應該只包括由其他人所製作的同類型活動或產品，並應探索其相對的成敗與理由。無論是親自執行或以電子方式執行的訪問，都可能會看出這個活動的優缺點，判定它是否具有競爭力，並顯示應該要效法或避免的要素。

這個方式的關鍵在於相似性。受檢驗的計畫、活動或產品一定要符合目前考量項目的模式，如此一來，比較才能成立。研究者不只必須要對目前調查的這個活動的成功具敏感度，也要對該活動與時俱進的歷史資料與潮流、組成及參與者的人口統計學有所了解。這些都會透露出目標市場及可利用（或許甚至是不採用）的行銷技巧等訊息。

總結

　　在本章，我們從活動行銷的先鋒與他們的行銷方式中獲益良多。他們許多的點子即使在今日的現代市場中仍是創新之舉。他們知道3E與5P的原則，而且也知道自己的市場要些什麼（或許甚至在市場知道之前，他們就已經了解）。他們冷靜地克服失敗的點子，體現了「沒有所謂錯失的機會；你所錯失的機會將由其他人掌握」這句古老諺語。然後他們帶著更多的新概念繼續前進。

　　我們也學到，「定價」是5P中一個重要的構成要素，而且低價不一定會吸引更多的出席者來參加活動。我們還學到，「知覺價值」是值得注意的，而有經驗的行銷人員也每日實踐這樣的概念。在本章所談到的所有考量中，最重要的就是為了解市場需求與價值所須做的研究。量化與質化的分析技巧可以分別或同時使用。但是，行銷人員必須持續並有創意地來使用它們。

前線交鋒的故事

　　一個全國性的協會長久以來一直都有舉辦某個頒獎活動，做為其年會會期中的早餐節目。但是，這個活動逐漸失去吸引力，出席率愈來愈低，且領獎人也缺乏欣喜之情。於是，這個協會採取質化訪問研究來判定是哪裡出了問題。答案很簡單：許多受獎人是來自協會之外。因此，他們的同儕不會來參加這個會議，而參加的人不覺得自己是活動中的「利害關係人」。換句話說，除了早餐之外，人們對這個頒獎典禮並沒有強烈興趣。這是市場錯誤分割的結果。

　　研究也顯示，這個頒獎活動可以從會議中分離出來，以獨立、高檔的正式晚宴之姿重新引進，向整個業界行銷。關鍵是專屬權：「不去，你就落伍了」。第一個活動的行銷觀點是「看與被看」。他們為了第一次的活動，特地選擇一個位於市中心的豪華飯店，裡頭的宴會廳可以容納兩百人，他們假定：如此一來，門票比較容易售完，而沒有及時買到門票的人會感到失望、沮喪，並確信明年自己一定要參加到。策略是：今天犧牲一些，長期下來會創造出需求。

　　這個策略果然奏效。第一次的活動小而高貴，處處可見燕尾服及晚禮服，閃光燈閃個不停，而一個新的產業「盛事」就此誕生。在後續的活動後調查中，主要的抱怨是「太擁擠了，你們明年必須租一個大一點的場地！」如果在行銷上有所謂「正面的負面回應」，這就是了。

　　那是十年前的事。這個協會改變了自己的行銷策略，捨棄了「專屬權」的方式，並將年度活動移師到紐約市，租借更大的宴會空間來容納更多的業界代表，並使業界的「有力人士」方便參與。現在，這個活動的門票仍然場場銷售一空，只不過它吸引了八百位（而非兩百位）出席者，且淨利超過二十五萬美金。

　　我們學到了什麼呢？這個協會利用質化研究的技巧找出了問題的根源。它運用「專屬權」的行銷技巧引人矚目，並引起業界次要市場的注意。而它分析「地點」的策略正是行銷中一個關鍵的P——它是使活動產生驚人成長，並引起業界注意不可或缺的要件。

問題討論

　　有個國家醫學協會雇用你擔任活動行銷顧問。你的職責是增加該組織的出席率及利潤，並使醫藥社群更加注意這個機構。

　　這個協會數年來一直在市中心同一個地點舉行會議，出席率逐年下滑，然而成本卻不減反增。這個會議通常是在週末兩天舉行。節目安排著重於科技研討會，社交活動則輕描淡寫帶過。另有一個小型的展覽，主要是在喝咖啡的休息時間開放。沒有重要伴侶或年輕人參加。

　　你會考慮用什麼樣的行銷策略來改變這個機構活動的出席率與收入？

第2章
活動的宣傳、廣告及公共關係

何不冒險爬到樹梢？那裡才有甜美的果實。

—— 威爾‧羅傑斯（*Will Rogers*）

當你讀完這一章，你將能夠：

◆ 清楚了解活動行銷的五W。

◆ 判斷目標群眾態度問卷中的基本要素。

◆ 了解內部活動行銷與外部活動行銷的關係。

◆ 決定關係著銷售成功與否的行銷策略。

◆ 比較公共關係與廣告的相對價值。

◆ 清楚了解新聞稿與媒體套件的要素。

活動的宣傳：趨勢與挑戰

不管活動的本質為何，它的成功與否大部分是靠宣傳。宣傳很重要，它能引起人們對活動的注意和參與的渴望，並使潛在的參與者覺得所投注的時間與金錢確實與該活動所提供的好處相符。

隨著經濟與社會變遷，我們在宣傳策略上能發現許多新的挑戰。其中包括：

更激烈的競爭

根據會議產業委員會（Convention Industry Council，簡稱CIC）的統計，美國在1996年舉辦了四千一百個商展。四年後，商展的數

目已增加至四千六百個。這些活動中，許多都是產業分割的結果，利用類似的的區域性活動來複製全國性的活動，以吸引更多當地、區域性的參與者。因此，全國性的會議在本質上變得更具「區域性」，為參與者所面臨之時間、地點與經濟上的嚴苛限制解套。

　　會議產業委員會的研究顯示，在二十五年前，想吸引國內出席者的會議中，有36%的與會者是來自半徑二百英哩以內的地區。現在，這個比例超過50%，這顯示這些活動正逐漸區域化。

　　許多贊助機構及公司將「展場帶到客戶面前」，而不去爭取遠距離的出席者，以及對贊助機構及活動賓客、代表而言，所費不貲的排場。這股趨勢已清楚地顯現。

　　會議逐漸增多的現象考驗著你利用廣告、DM、公共關係、電話行銷及電子行銷來定位產品的技能；面對潛在參與者擁有愈來愈多其他選擇的情況時，你要使產品呈現出較好且不可或缺的一面。

旅行與住宿的成本

　　當餐旅業和旅遊業進入企業合併與轉移的新紀元，我們看到某些地點的旅遊成本增加了。

　　舉例來說，有個明顯的趨勢是，愈來愈多餐旅業的地產為少數企業所擁有、管理，這表示業主能夠協商的價格與日期的彈性空間也減少了。航空公司合併的情況增多，而且「匯集點」（hub destinations）的擴展也使得票價升高，旅客對於目的地／時間的選擇減少，而直飛到某些目的地的服務也更為有限。這些現象及其他經濟趨勢在宣傳的定位策略上都成為重大考量。行銷主管們對於計畫中的區域化也愈加敏感。

　　在所謂「二級」（甚至「三級」）的城市裡建造活動與會議設施、旅館及會議中心的情況大幅增加，這是促使區域性活動成長

的另一個要素。舉例來說，路易西安納州（Louisiana）的巴頓魯治（Baton Rouge）過去是紐澳良州（New Orleans）會議出席者一日遊的目的地。現在，因為當地增建了新會議設施與旅館，對紐澳良這個位於南方較有名的鄰居來說，巴頓魯治已搖身一變成為一個值得注意的競爭者，也是另一個具吸引力的選擇。具創意的活動行銷人員能把這個具較低成本及新體驗的優勢當做有利條件，加以有效利用來提升出席率。

停留時間

　　人們有愈來愈多事要做，但可做事的時間卻愈來愈少。許多活動都因最後一天出席率滑落大為苦惱，因為與會者都提早回到辦公室、工廠或家裡。沒有什麼比在活動最後或閉幕宴會上見到人們提早離開而使場地空了一半更令人洩氣了。

　　宣傳人員應該與企畫人員互相配合，確保活動的結束與開幕一樣盛大。在劇場界有一句老諺語：「有一個盛大的開始與完美的結束，那麼中間部分自然就不會有問題。」雖然這麼說有些誇張，但原則是：如果出席者透過行銷得知將看到精彩的開幕與出人意料的閉幕，那麼他們就會準時到達並留到最後落幕。

　　在行銷與宣傳中強調留到最後的好處，並提及閉幕的特別安排。圖2-1列出這些特殊活動的部分例子。

　　行銷人員在創造特別活動時應採取主動的角色，從頭到尾貫徹活動的任務。發揮你的想像力，遊說活動贊助商嘗試去做那些會引人興趣、忠誠、興奮並增加出席率的事。

- 授以榮譽與頒獎
- 門票對獎或是入場領獎
- 抽獎券
- 播放活動精彩片段的錄影帶,附上訪問與在會場所拍的照片
- 抽獎贈送下一次活動的註冊費
- 紙上拍賣
- 宣布重大的組織策略或改變
- 特別的「奧林匹克」競賽
- 「童年照片」競賽(從放大的童年照片猜測照片中的人是哪一位機構領袖)

圖2-1 最大的行銷挑戰之一就是把目標群眾留到會議結束。行銷人員經常使用令人興奮的獎座、獎品、競賽及活動結束後的旅行來鼓勵人們留下來。

行銷的五W

　　面對行銷活動的新挑戰時,我們一定要在每個活動前做實情調查的持續性分析。這個分析必須包含行銷的五W(請參見圖2-2)。葛布蘭博士在《特別活動:二十一世紀的全球活動管理》(*Special Events: Twenty-First Century Global Event Management*)一書中闡明,這五個W有助於判斷一個活動的合適性、可行性與持續性。在活動行銷中,我們用同樣的問題來判斷行銷計畫的合適性、可行性與持續性。

成功的車鑰匙

　　為了使展覽商不受會場最後一天出席率降低的影響，某協會與一家汽車經銷商講定一個合作行銷的安排：他們將在最後一小時送出一輛新車給幸運的出席者。這家汽車經銷商在預先準備的宣傳品中頻頻曝光，而且他們的總經理還參與了頒獎典禮。

　　在展覽的最後一天，許多出席者留下來等著拿出抽獎的票券；因為有新車做活動的背景，抽獎現場聚集了大量的群眾觀看抽獎。

　　留住群眾的關鍵是什麼呢？

　　獲獎人必須在抽獎現場領取新車的鑰匙。展覽商與買家都留下來觀賞這個慶祝活動，並恭喜這位贏家，商業媒體也在現場訪問他，並為他拍照。換句話說，為了避免歹戲拖棚，這個會議以三天活動中最刺激的結局來做總結。

　　從預先的宣傳到會議後的新聞報導，這個宣傳的特殊活動使人注意到這個活動的存在，並促使贊助商在第二年送出「二」輛車。

一、為何？

　　當你在看活動的宣傳資料時，最顯眼的漏誤往往是可提升出席率的基本要素。你很可能會看到活動名稱、機構標誌、日期及地點。這應該是標準的程序。

　　我們已經討論過潛在參與者在時間上的高要求及興趣。一個只說「你已受到邀請」或「希望能見到你」的訊息是被動的；對遭受

平面及電子宣傳淹沒的人來說，這種訊息也不引人注意。活動行銷人員必須抓住目標群眾的領子，以「活動中非比尋常的好處」來說服他們，並將那些好處注入到個人與專業上最關鍵的興趣之中。

所有宣傳資料的開場訊息都該特別說明「為什麼？」。人們為什麼要花費時間和金錢來參加你的活動？要回答這個問題，這個活動的行銷與管理團隊必須要判定活動存在的重要原因。

在定義時，必須提出強而有力的理由，並以「第二人稱」的方式來向那些有意願參加的人陳述。不要用「你已受到邀請」這樣平凡的話邀請人們來參加活動，你要告訴他們理由！舉例來說：

你將學習到企業如何在二十一世紀生存、茁壯

第三十八屆年會：菁英大會堂

成為產業革命的一份子，否則就會被淘汰

比賽開始……學習如何跑第一

國際會議暨遊客局協會（International Association of Convention and Visitors Bureau）舉辦的「景點展覽櫥窗」（Destination Showcase）是一個具教育性與展示性的一日活動，而其宣傳小冊子是個很好的例子，說明了目標群眾「為什麼」一定要出席。這個訊息在凸顯它2001年的會議時，直接、迫切且令人注目地列出對出席者的好處。這些簡短但引人注意的概念在宣傳小冊子的封面直接被顯現出來（請見圖2-3）。這全都在這本小冊子的封面上強調出來，附上活動日期、地點及預先登記的截止日。換句話說，讀者還沒打開這本小冊子，他們就清楚地看到這五W的描述。

在決定行銷方式時，不管是用廣告、宣傳錄影帶、小冊子或者是傳單，這個過程都必須從分析開始，分析目標群眾、產品，以及我們想宣傳的活動或產品的內在有利條件。

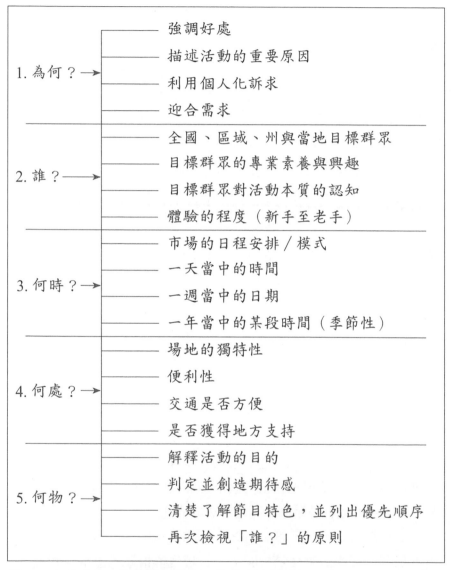

活動行銷

圖2-2提供了廣泛的概要，讓我們按照順序來看看這些要素。

1. 為何？ →
— 強調好處
— 描述活動的重要原因
— 利用個人化訴求
— 迎合需求

2. 誰？ →
— 全國、區域、州與當地目標群眾
— 目標群眾的專業素養與興趣
— 目標群眾對活動本質的認知
— 體驗的程度（新手至老手）

3. 何時？ →
— 市場的日程安排／模式
— 一天當中的時間
— 一週當中的日期
— 一年當中的某段時間（季節性）

4. 何處？ →
— 場地的獨特性
— 便利性
— 交通是否方便
— 是否獲得地方支持

5. 何物？ →
— 解釋活動的目的
— 判定並創造期待感
— 清楚了解節目特色，並列出優先順序
— 再次檢視「誰？」的原則

圖2-2 行銷的五W在發展所有的宣傳策略時都是極為重要的。它們必須是所有市場研究的基礎及行銷訊息發展的組成因子。

圖2-3 這本小冊子的封面清楚陳述了行銷中的5W。它列出引人注目的出席好處，以滿足多數消費者的普遍需求，來吸引人們注意。（資料來源：International Association of Convention and Visitors Bureaus）

二、誰？

我們在對誰行銷這個活動？你的目標群眾會依所宣傳產品的本質而定。舉例來說，一個全國性的會議可能會把目標放在所有會員、過去與潛在的展覽商與贊助商，以及相關的機構上。

一個「訓練活動方案」可能會把目標著重在某些人身上，這些人的專業素養與興趣落在這個教育活動方案所定義的狹窄區間內。這個目標行銷避開了那些教育需求與本活動方案目的不相合的人。「產品介紹」或許會針對企業的業務主管、特許經營業者、商業刊物、電子媒體代表及消費者媒體來發送。

對於目標行銷、印刷、郵資、名單維護更新及員工時間來說，對想吸引的目標群眾做高警覺性的分析是必要的。

三、何時？

時機勝於一切！明智的管理團隊為了將活動的時間價值提高到最大，應該將行銷功能視為計畫過程中不可或缺的一部分。

計劃一個活動時機的策略是在行銷過程中必定會面臨的挑戰。時機也應該依據所服務之市場的行程、模式與需求來做仔細地考量。若安排的行程與出席者的相衝突，自然會阻礙了出席。行銷人員必須考量的要素有哪些？

一天當中的時間

舉例來說，招待會通常安排在一天工作結束之後（例如下午五點半至晚上八點），使賓客有時間完成工作或在晚餐前或回家前聚集在一起。不過，愈來愈多招待會被安排在下午中段至傍晚的時間（例如下午三點半至六點），讓賓客可以選擇（和有藉口）早一點離開工作場所，在活動中待上一至兩小時，然後早點離開，繼續自己晚上的計畫。

一週當中的日期

你應該用心思考活動日期，並把市場中的人口組成納入考量。想吸引總裁或其他管理階層人士的商業活動，在平日舉行或許會比在週末更具吸引力，因為他們較能彈性地參與平日活動，並且較不願意為一個不具強迫性的商業相關活動而放棄個人寶貴的週末時間。

另一方面，如果你針對家庭行銷街頭市集或嘉年華會，那麼週末通常是較好的。這端看當時是一年中的什麼時候；如果是在平日，小孩子可能在學校（或暑期班，現在愈來愈普遍），而父母

親可能要上班。因此，對家庭活動來說，週末可能是最佳的行銷選擇。再次強調，在所有考量中，你必須要仔細地衡量目標群眾的人口組成與行程。

一年中的某段時間（季節性）

當處理特定的產業或專業客戶時，目標市場一年中最空閒的時間是在何時或許難以捉摸，但卻很關鍵。舉例來說，在餐飲及旅遊業，大多數的會議都安排在冬季中至冬末。為什麼呢？因為潛在出席者最主要的工作時間大都是在自己的店裡或運輸系統服務其他人的時候。

春天、夏天，特別是秋天，是運輸公司、飯店及度假勝地最忙碌的時節，許多會議、度假人士以及商業會議都會選在好天氣從事活動。因為他們在冬季月份通常比較沒有生意與其他業務，這些潛在參與者較可能有時間來參加你的活動。在安排行程上，對產業模式做仔細的分析是非常重要的，這在行銷上會產生極大的影響。

地方、種族與宗教節日

當你在一個不太熟悉的地點行銷活動時，須考量與當地假期可能產生的衝突（或合作的機會）。對活動行銷人員來說，如國慶日、耶誕節及退伍軍人節這樣的國定假日代表許多機會，可以在活動中慶祝這個假日。這是舉辦以假日慶典為主題之活動的時機。

然而，當地節日（不是活動舉辦的原因）或許會干擾出席者的期望，而對活動的成功產生負面影響。除了當地節日外，行銷人員對種族與地區性的節日與慶典活動也必須很敏銳。

每當在不熟悉的地點行銷活動時，聯絡會議局或者商會以確定像是遊行或運動會之類的當地節日或特別活動舉辦的日期，判斷它

們對該城市的日常步調與商業之影響。你或許會發現，這個慶典活動可以成爲活動意想不到的有利條件，或者——如同我在巴黎的經驗——成爲一大敗筆。

四、何處？

在宣傳活動時，地點是一個重要的有利條件。在鬧區運動場舉辦的宴會，因爲此地點位於大眾運輸便利之處，且有代客泊車的服務，因此這點可加以強調。在一個具聲望的鄉村俱樂部所辦的高爾夫球比賽，宣傳上可能大篇幅強調：在此球場打球是「一生一次的機會」，活動的募款目的成爲參與的一個附加好處。一個公司會議在芝加哥海軍碼頭（Navy Pier）舉辦，而不在飯店或會議中心舉行，因爲活動企劃人員將此會議定位成「在密西根湖（Lake Michaigan）上」享受活動的獨特機會，能欣賞離湖岸三千英呎外芝加哥的壯觀天際線。

房子很漂亮，但是沒有人在家！

我之前曾在巴黎行銷過一個遊學團。我的行銷重點是不昂貴且有趣。當時正值八月。我並不知道那是巴黎的「假期季節」。許多商店、餐館及巴黎的特色景點都關閉了，整個城市唱空城計，每個人都到其他地方去慶祝夏天。在歐洲，長達一個月的假期是很平常的。

我馬上發現我預算中的食宿費用如此便宜的原因。因為需求少。對我帶的團而言，那是一個買家的市場，一個負擔得起的活動。但是，我們可以做的事情和可以去的地方卻極少，也沒有人員可以服務我們。

換句話說，活動的地點在推動銷售時可能是一個關鍵要素。應該視為好處而加以宣傳的有利條件包括：

❑ 在都會區，大眾運輸便利、代客泊車、交通方便又有效率。

❑ 在鄉村地區，享受如畫的風光與田園景致的機會。

❑ 在購物中心，集中化活動的機會，停車容易，並可享受購物與娛樂的附帶功能。

❑ 在度假勝地，游泳池、高爾夫球場、高檔購物、海灘及美食餐飲的環境。

❑ 在機場飯店，因為此地飛進飛出的設計，顯現以最短的交通與通勤時間完成工作的固有效率。

至於民宿業者（bed-and-breakfast），其行銷資料可以營造出時光流逝的質樸環境，並用火爐裡的火焰、家常菜，甚至一、兩個鬼故事來加強氣氛。找出地點的獨特性，掌握這些有利條件，並利用它們來吸引那些不受節目本身吸引的參與者，這是行銷主管們義不容辭的責任。透過當地的會議局、商會及接待設施取得關鍵的宣傳詞語，並認識該場地所有獨特的有利條件。這些機構知道這個地點的特色，甚至可能提供一些可納入行銷要素的文宣與照片。

五、何事？

每個活動都是獨特的，至少行銷主管應該如此將它呈現出來。它可能是一個發現新概念的機會，也可能是得以窺見產業的未來，或是能看見創新產品種類及想法的機會。不管你是如何定義其內容，每個活動都該呈現新奇與令人興奮的樣貌。

在為活動計畫宣傳時，請思考活動的目的。它可能包括一個（或多個）目的。你的第一個問題應該是「我們為什麼要舉辦這

個活動？」這是個看似簡單，但卻也是一個極基本的問題。舉例來說，圖2-4列出活動所提供的一些好處及出席者的期望。

不管這個（或這些）訊息為何，行銷的組合必須與滿足目標群眾所期望的好處相連結。當你在考量五W中的「誰」時，請將本重點謹記於心。

接觸到重要的人比計算自己接觸到的人數來得重要。

教育與訓練	出席者將學到如何面對明日的問題
建立人際網絡	出席者將認識新朋友，並建立有利的商業聯盟。
娛樂	出席者將被閉幕宴會的魔力所吸引。
「選擇自己的主題」的圓桌討論會	出席者將擇一主題，並與同業友人邊喝咖啡邊討論。
「支持你的特許學校（charter school）系統」	出席者將有機會在頒獎餐會上以財務來支持我們的努力，改善我們社區中的國小學生的教育機會。

圖2-4　大多數的活動都會提供上列一整套的好處，以及此贊助機構獨有的其他好處。對行銷人員來說，此活動的目的應該被詮釋成出席者將獲得的好處。

牢記五W

　　不管你的宣傳本質爲何，不管它是否包括廣告、新聞稿、演講、噱頭或小冊子，「爲什麼、誰、何時、何處與何事」這五個關鍵要素必須在最前面強調出來：新聞稿的第一段、小冊子的封面，或是你所使用的宣傳媒介上。這是新聞學與宣傳的首要原則。

宣傳

　　宣傳是一種多面向的行銷方式，它可以被定義爲「激發人們對你的企業的興趣」。宣傳活動可能包括各式各樣的行銷工具（或者也可能少至一個），端看你的產品與需求。活動行銷的宣傳技巧可能包括廣告、公共關係、交叉促銷（合作行銷）、街頭宣傳、噱頭及公益」（cause-related）活動等等。

　　舉例來說，你或許會發現一個爲了全國協會年會或企業機構會議所舉辦的宣傳活動含括了：小冊子、爲分會主席或經銷處主管準備在當地目標群眾面前所發表的演講稿、DM、提供獎品及旅遊行程，以及電話行銷上的努力。另一方面，爲當地募款活動做宣傳時，或許就只限於親自打電話給可能的捐款人及社群領袖，號召他們支持此活動。

　　我們已經討論過由P. T. 巴南所舉辦的馬戲團遊行，他肯定讓大眾更加注意到馬戲團已經進城。但是，宣傳並不止於遊行本身；它也包括海報、新聞稿、廣告、延請媒體報導、媒體套件以及先遣宣傳人員等，使人們注意到整個活動。

　　在進行宣傳活動時，可以考慮使用的工具有許多，其中包括：

- □ 信件
- □ 傳單（「單張」）
- □ 小冊子
- □ 郵寄夾帶傳單
- □ 廣告
- □ 海報
- □ 演講文稿
- □ 明信片
- □ 街頭展演
- □ 在主辦場所中的廣播與電視廣告
- □ 公益廣告
- □ 電子郵件、名單服務及電子商務
- □ 在主辦設施中的立牌
- □ 公車及地下鐵的招牌（裡與外）
- □ 媒體套件

這些及其他的宣傳類型都必須根據你對市場或活動的定義來決定。此外，宣傳活動的預算金額也有助於你下決定。我們會在第四章討論制定預算。對行銷主管而言，因為這一系列的宣傳工具都很吸引人，因此進行市場研究以判定哪個工具最具成本效益，並可產生最大的投資報酬是必要的。

廣告

最主流也最傳統的活動宣傳技巧之一就是廣告。儘管大部分的人想到的廣告都是平面形式（包括新聞或雜誌），但它可能以我們每天都看得到的許多形式出現。電子與廣播技術的進步提供了一個

平台，我們可透過電視、廣播以及網際網路上的橫幅廣告與其他插頁，甚至是電影院的大螢幕來做廣告。

行銷人員在選擇廣告媒體時必須謹慎，因爲有些可能具爭議性。許多人視廣告看板爲對周遭環境的一種入侵，貼在電線桿上、沿著社區街道排列或者塞在信箱的宣傳海報也是。

甚至連網際網路的廣告也遭受嚴格的審視。它最大的弱點或許就是當初宣告的最大優點：能夠準確追蹤瀏覽者的人數及對此產品產生興趣進而購買的人數。對許多人來說，這曾是行銷產品及服務的尖端科技以及令人興奮的方式。

但是在許多案例中，網路使用者的回應與預測的不同（他們的瀏覽習慣是比較隨性，並不是如廣告商所預期的，他們熱切地使用這個電子新領域）。即使網路公司本身（人們預期它們會在網路上廣告自己的服務）對廣告媒介的選擇也變得更謹慎。結果使得數百家電子商務公司關門大吉，他們的廣告商曾經能快速且準確地執行自己的評等與研究，使他們能分析自己的投資所接收到的準確「點擊」次數，或者——爲求平衡——也分析沒接收到的點擊次數。網際網路廣告所直接產生的銷售金額（dollar volume）相對於廣告支出，變得很容易追蹤比較。

平面廣告遍及我們的日常生活中。就如我們在之前的單元所見，活動廣告的影像出現在公車車身、報紙及雜誌裡、固定在路邊電線桿的海報上，及路邊招牌上。小至鄰居的車庫拍賣告示，大到高速公路沿線的巨大告示板都有。

協會的會員名錄經常都是透過廣告來籌措資金的，社區新聞報、學校年鑑、協會的會議小冊子，甚至教堂與猶太教堂的公告也都是。活動行銷人員應該分析各種出版品的目標群眾，以便判定該項投資的可能成效。美國食品科技學會（Institute Of Food

Technology, IFT）發覺，為展覽商及其他支持者創造新的廣告機會可獲得可觀的收入。它的節目本有四百頁，在預算上構成一項相當龐大的支出。透過向展覽商、贊助商及其他支持機構銷售廣告，美國食品科技學會在短時間內不僅收回了節目本的成本，還產生了40%的利潤。

要如何選擇正確的廣告工具來滿足自己的活動需求呢？首先，界定你所要吸引的目標群眾。然後，調查你考慮中的廣告媒介所接觸的人口統計資料。舉例來說，為較大活動做行銷的人員或許會考慮廣播媒體，因為它可以傳送到一個地區，甚至全國或全世界的聽眾。較地方化的活動可能會透過社區報紙、當地傳單或小冊子、海報宣傳，以及與支持團體或設施共同宣傳。在考慮所使用媒體的目標群眾人口分佈特性前，首要的考量就是如何觸及所欲尋求之群眾（或整體的效果）。

媒體的銷售代表要有能力說明他們讀者、聽者及觀眾的人口統計資料。你應該詢問此人口統計資料是否經過獨立的審計公司所認證。詢問審核執行的時間，而且除了你有興趣的特定項目之外，也要調查下列因素：

- ❏ 年齡
- ❏ 收入層級
- ❏ 行業或專業
- ❏ 性別
- ❏ 地理位置
- ❏ 種族
- ❏ 婚姻狀況與家庭大小

與心理特性相關的資料

　　活動行銷人員也該分析目標群眾的心理特性概況，也就是目標市場的價值觀、態度與生活方式。判別態度的一個有效方法就是透過態度調查。這個工具會要求應答者在眾多議題中指出偏好，從個人興趣、教育需求到活動的時間與地點都有。態度調查或許會以量化或質化方法（或兩者並用）的策略執行。態度調查之目的是針對過去、現在及潛在出席者的感覺做一個開放且客觀的了解。你會想詢問一些問題，以便處理與你所做之行銷有關的議題；由於問卷調查的長度會影響回覆的數目（問卷調查工具愈長，你預期收到的回覆可能就愈少）。

　　典型的態度調查包括以下的問題：

☐ 你過去曾參加過我們的活動嗎？請勾選年度（列出年度）。

☐ 你的住家距離活動會場幾英哩？

☐ 你對此活動的評價如何？（標明優、佳、可、劣，或用一個數字尺度來評等）

☐ 你是這個協會的成員嗎？

☐ 你是事前或是當場報名註冊的？

☐ 你覺得註冊費與活動的價值相等嗎？

☐ 你是以個人身分參加，還是與配偶、朋友及家人一起參加？如果不是與家人一起參加，理由為何？

☐ 請列出五項最有價值的教育活動方案。（列出講習名稱，附上勾選的空格）

☐ 春季的這些日期對你方便嗎？如果不方便，請寫下與你的行程最相合的月份。

　　顯然，會因為你所行銷的特定活動所需知道的事情不同，這些

問題的回答開放程度也不同。然而，請記住，儘管許多商業導向的調查都令人倒胃口，但意見或態度調查卻較受人歡迎。人們往往喜歡被人詢問、傾聽自己的意見。你或許不喜歡這些答案，但你可以確信它們在未來能使行銷活動更有效率。

特製品廣告

有創意的行銷人員會發現，廣告並不侷限在雜誌、會訊及小冊子上，只要能印刷的東西幾乎都可以做廣告。

我們都看過印有廣告訊息的咖啡杯、冰箱磁鐵、日曆及筆記本，使用者每天都看得到。我們甚至會（以誇張的價格）買下印著製造商球隊名稱的商標及標語的T恤、帽子及其他服飾，這等於我們買下了成為活動告示板的殊榮！

在活動中，有許多能為該活動及其贊助機構做行銷的機會，此舉創造出的不僅是有用的商品，也是活動的紀念品，讓出席者在活動結束之後許久還能繼續享用這項物品。我們或許會在大型手提袋印上該活動與贊助廣告商的名稱。這是一個有效的交叉促銷，這往往能募集到廣告費用，還足以支付製造袋子本身的成本。

指示與識別標誌或許可以印上標誌贊助商的商標及名稱。鑰匙圈、高爾夫球、鬧鐘、徽章貼紙、紙牌及特別設計的巧克力棒，這些贈品廣告的媒介，只要你想像得到的都可以做。許多贈品廣告製作公司有預先生產的廣告商品目錄，這些商品是設計用來讓你印商標、機構名稱及短訊或標語的。這些印刷好的特製品的單價成本會隨著訂購數量的增加而減少。

廣告方式應該預先測試其效用。許多專業人士利用一種「區隔法」，將不同顏色、設計及紙張重量的限量廣告資料寄給兩個控制組，然後再評估回應。焦點團體也是一個判定訊息、設計及正面接受度的有效方式。

公共關係

　　廣告主要是你談論自己的機構或活動，以便爭取他人之接納；公共關係與廣告不同，這門宣傳的學問是構成目標群眾對於該企業價值（或更重要的，整體機構）的想法與感受。這是一個較廣、較耗時的方式，目的是讓人們對你的事業及活動持續忠誠參與。公共關係的活動目標或許相當不同，從活動發展初期讓人們開始注意，到持續關注一段時間，乃至於消弭贊助活動的公司或協會的負面公共形象或爭議。無論如何，在公共關係方面有特定原則可以利用。

　　第一步應該檢視之前的公共關係成果，以及它們在提升參與或減低挑戰方面的相對效用。反應是正面還是負面的？這個檢視中，態度調查、焦點團體及出席趨向分析均有幫助。

　　公共關係已成為一種較高格調的行銷工具；公關人員以前會試著抓住報社記者的衣領，爭取報導中的幾吋專欄。現在，公共關係的專業人士幾乎會考慮各種溝通管道，來散播訊息。報紙仍是一個主要的途徑，收音機及電視的播送、雜誌、通訊、網際網路及其他線上服務也都是。相關協會與企業也必須被視為公共關係的資源，尤其是他們對活動表示支持，而且對活動目標、本身可能扮演的角色以及互惠利益也有所了解。正面的公共關係活動最大的回饋之一就是——找到能支持你，你也能以支持回報的行銷夥伴。

　　史考特・沃德（Scott Ward）是溫德米爾—貝克集團（Widmeyer-Baker Group）這個行銷與溝通大公司的副總裁。圖2-5列出他成功的公共關係活動之六大步驟。

　　有效的公共關係最大的有利條件就是它向大眾呈現別人對你的看法，而不是你對自己的看法。換句話說，一個有效的新聞稿、個人管道或媒體工具或許可以形成報紙上的社論報導。自主書寫之

活動行銷

文章的價值在於向讀者暗示其可信度，這可能是付費廣告無法傳達的。美國公共關係學會（Public Relations Society of America, PRSA）這個由公共關係執行者所組成的專業學會估計，社論報導的真正價值是付費廣告的三倍。根據PRSA的資料，這個影響可以根據一份美國大報的平均廣告費來簡單說明：

半頁廣告　　　　　　　　　　　成本：$5,000
佔同樣版面的活動社論報導　　　價值：$15,000

---

1. 總是要問！我是否需要媒體？如果需要，為什麼？媒體報導是一種工具，但不是結果。還是要聚焦在你的整體目標上。

2. 定義你的目標。你試圖達成的特定目標是什麼？

3. 瞄準你的目標群眾。你是否試著要吸引學生？律師？泥水匠？男性？女性？養貓人？

4. 選擇你的媒體。聚焦在最能接觸到你所界定的目標市場的媒體上。

5. 定義你的訊息。在整個活動中，要不斷注意訊息。要新鮮、清晰且前後一致。

6. 找尋你的新角度。尋找自己活動中獨特且不尋常的新聞。尋找能定義訊息的「故事」。問問自己兩個關鍵的問題：這裡有什麼「故事」？我們為什麼要留意？

圖2-5　公共關係需要仔細地分析這個計畫的目標、目標群眾、好處以及可以傳達適切訊息的可用媒體。

媒體資料

在公共關係的努力上，有許多工具可用：新聞稿、新聞套件、媒體通知（「延請報導的邀約」）、機構與活動「資料袋」、特製品廣告項目、傳單（也叫做「單張印刷品」）、照片及小冊子。

新聞稿　每個新聞稿的設計都應該根據以下的格式，並以這樣的順序概述出所有的資料：

❏ 機構的信封頭銜或新聞稿格式。

❏ 名稱、地址、電話號碼、傳真號碼及電子郵件帳號。

❏ 齊左：向大眾發表的日期

❏ 以粗體字寫「即刻發表」。

❏ 齊右：（如欲取得更多資料，請洽：聯絡人的姓名與電話號碼）。

❏ 以粗體字寫出簡短標題。

❏ 開頭第一段，從發表日期與發表地點（城市）開始。第一段應該清楚地界定這個活動的五P，並在接下來的段落中附上其他的背景資料。

❏ 傳達資訊的文字應該隔行打（這樣，編輯可以做筆記），並且單面列印。

❏ 如果新聞稿超過一頁，在頁面下方寫上「接續下頁」。下一頁起始處標上頁碼及活動或機構，並在接下來的頁面上如法炮製。

在新聞稿最末頁結尾處寫上「結束」或「###」，告知讀者文章已結束。

新聞稿的內容應該由最重要的資訊來導引，其他細節則依重要性依序放上（請見**圖2-6**）。

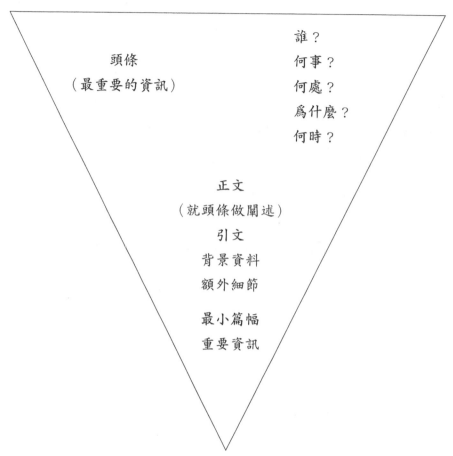

頭條
（最重要的資訊）

誰？
何事？
何處？
爲什麼？
何時？

正文
（就頭條做闡述）
引文
背景資料
額外細節

最小篇幅
重要資訊

圖2-6　這個新聞稿的「倒三角形」說明你必須從最重要的資訊（五W）開始，以捉住讀者的目光，並鼓勵進一步的檢閱。（資料來源：The Widmeyer-Baker Group）

新聞套件　新聞套件是一個比較全方位的工具，用來傳達關於活動及其目標最多的資訊量，以一個引人注意的文件夾或資料夾來包裝，上頭印上贊助機構的名稱、活動、商標等其他相關資訊。典型的新聞套件可能包括：

- ☐ 新聞稿
- ☐ 照片
- ☐ 媒體通知
- ☐ 請求報導的邀約
- ☐ 記者會的通知與邀請
- ☐ 演講文稿
- ☐ 背景新聞故事
- ☐ 錄影帶
- ☐ CD或DVD
- ☐ 機構資訊
- ☐ 發展演變史
- ☐ 文件夾、小冊子、明信片
- ☐ 特製品廣告項目

內部活動與外部活動的公共關係

　　同樣的，如廣告、實況轉播、噱頭及贈品或贈獎等個別化的宣傳，已成為愈來愈受歡迎的技巧，用來使人注意較普遍化的產品、服務或活動。前面「以遊行讓人注意到馬戲團進城，搭配廣告與海報」的例子，就是用特定的慶祝活動使人注意較大型活動的技巧。

　　以下是較近期的例子。地方上有個「老歌兼好歌」的廣播電台WBIG與一個大購物中心商定，在購物中心裡面舉辦情人節慶祝活動，並現場轉播。其特色是設置一個實況轉播中心、擴音器、一個舞台與一名DJ以吸引目標群眾。主要的號召是他們雇用了一個書法家，並設計了幾張原創的情人卡，而且她會在舞台上手寫特別的獻詞，好讓所有人可以將一個特別（且免費）的手工製情人節訊息帶回家給心上人。

　　這個電台在台內節目中大力宣傳這個活動，並在當地的報紙上廣告。在活動現場，透過音樂和配合音樂的輪盤遊戲來頒發獎品，而書法家的個人作品為購物中心帶來大量人潮，這些人會轉化成電台的新聽眾，並使人更加注意電台的存在。內部與外部的公共關係經常是由一些看起來沒有關連的學門與利益混合而成，形成了一個共同的連結。在這個案例中，電台與購物中心的行銷主管們聯合起來籌辦這個成功的活動。

　　這個例子也闡明了交叉促銷的價值；在上面的例子中，電台、購物中心、購物中心裡的商家們（他們將通知放置在櫥窗內，使特別活動引人注意），以及書法家本身都受惠。額外的人潮就是額外的銷量。

總結

　　溝通的基礎是建立在五W之上。「為什麼、誰、何時、何地及何事」必須是每個新聞稿、小冊子、新聞故事、延請報導的邀約、電子郵件宣傳及所有其他形式的行銷訊息最上層（及引導段落或封面）的構成因子。當那些基本且引人注目的細節被埋在訊息中時，讀者在一開始就會迷失方向。本書也整理了一張經常在行銷活動中使用的十五項宣傳工具表。你的挑戰應該是想出另外的十五個，因為發揮想像力，就有可用的工具。不過，你必須要仔細斟酌，以確保所選擇的工具符合目標市場的價值。

　　還有另一項重點就是公共關係做為行銷媒介的價值。一個有效的公共關係活動將影響他人對你的組織及顧客的看法，效果比你自己陳述要來得大。可信度取決於你是否有效地持續關注公共關係，

如此才能長期地為你的機構建立形象。一個公司只有在「極力推銷」一項事業時才不定期地做公共關係活動，這種行為的動機一目瞭然，很有可能會損害機構的形象。

前線交鋒的故事

　　一個叫做富蘭克林廣場（Franklin Square）的市中心小公園，不僅乏人整理、充滿犯罪行為，且對周邊的企業來說是影響生意的眼中釘。於是，當地企業與協會領袖組成了一個非正式的聯盟，目的是將此公園恢復原貌，然後將它歸還給購物者與辦公室員工使用，不然這些人在中午去吃中飯與購物的路上都會避開它。

　　富蘭克林廣場協會每月開一次會，並發展出內部 外部的公共關係策略。他們創辦一年一度的富蘭克林廣場日，期間市民會自願清掃公園。當地的電視與廣播電台透過新聞套件與延請報導的邀約而得知這個消息。警局被徵召派員維護安全。當地的貿易商也提供食物和飲料給工作人員。工務局承諾將送來卡車與工具，用來耙草、油漆，並修復長久遭人棄置的噴水池。

　　結果呢？生意人與市民代表穿著工作服出現，並拿起耙子與油漆刷。電視與廣播電台在晚上五點及十一點的新聞中都報導了這個活動，包括了實況報導及訪問。公園的困境以及努力拯救整個鄰近區域的人們受到關注。因此，新的支持者排著隊，希望能參加這一年一度的清潔日。

　　在接下來的十年中，義工愈來愈多，而這個公園變成吃午餐、舉辦免費演唱會和快樂集會的場所。現在，它是一個觀光區，有著閃亮的長椅及漂亮的中央噴水池。土地開發者注意到這個情況，圍繞該廣場的破舊建築物不久就被新建築取代，提供許多商店、餐廳與辦公室的空間。富

　　蘭克林廣場的經驗說明了公共關係的力量，同時也為社區
帶來了凝聚力。

問題討論

　　你的城市正計劃在六個月內啟用新的市政廳與法院大樓，並計
劃舉行一場大型的慶祝活動。你被要求行銷這場活動，爭取最大曝
光率與市民的參與。你已被告知需要使用新聞套件，但是你也應該
尋求其他的行銷途徑。

1. 你可能會在新聞套件中包括哪些項目？
2. 你在新聞稿中必須涵蓋哪些細節？
3. 你可以徵召哪些其他的社群資源來支持這個行銷計畫？

第3章
e化的活動行銷策略

溝通的危機在於被蒙蔽在已達成溝通的假象中。

—— 伏爾泰（*Voltaire*）

當你讀完本章，你將能夠：

◆ 發展有效的e化行銷計畫。

◆ 確認發展e化行銷活動所需的資源。

◆ 找出線上活動行銷註冊的服務商。

◆ 發展出完整的e化行銷策略。

◆ 準備網路上使用的文宣。

◆ 推廣活動網站。

◆ 製作橫幅廣告。

◆ 衡量及評估在網路活動行銷中的獲益。

　　根據電腦產業年鑑的統計，2002年網路的使用者已超過了3.5億人，這個數字超出了當年全世界成人人口的5%，而且仍在持續成長中。「網路」繼廣播、電視及平面媒體之後，成為第四大廣告媒體；因為它使用上的便利性及低廉的初期成本，行銷人員快速地將推廣通路轉向網路，帶動了媒體新一波的浪潮。

　　雖然網路社群人口眾多，但相較於電視、廣播及其他廣告媒體來說，其所能接觸到的人口數相對較少。這也表示儘管網路有相當多的目標群眾，但仍舊無法完全擴及全世界。有鑑於此，e化行銷在初期階段只能做為其他宣傳或廣告手段的輔助工具。由於這個領域仍持續變遷與成長，本章將會針對e化行銷的一般通則及相關概念予

以介紹；但不包括「如何架設網站」或「如何設計網頁橫幅廣告」等細節，因為一旦等到書籍出版時，這些內容就過時了。

第14期的《通訊產業預測》（*Communications Industry Forecast*）年刊指出，美國人使用網路的時間將逐年增加，預估到2004年時，將達到平均228小時，超過閱讀報紙（147小時）、書籍（92小時）和雜誌（77小時）的時間。這意味著每年都會有愈來愈多人懂得使用網路。由於並非全球人口均有使用網際網路的經驗，因此知道使用者族群是哪些人將會有所幫助。下列的「網路使用者側寫」摘自《網路行銷初學者手冊》（*Internet Marketing for Dummies*）一書：

- ❐ 網路世界仍以英語世界為主流，換言之，在網路上針對英美人士所投注的心力，效果可能較顯著。
- ❐ 世界上其他地區，包括歐洲及亞洲等地，已開始對網際網路有更多的認識，因此未來幾年可鎖定這些市場。
- ❐ 英語是網路通用語言。
- ❐ 網路使用者多半屬富裕階級，因此可利用網路來鎖定中產階級以上的族群。
- ❐ 網路使用者的主要年齡層大約介於25至44歲之間。

有許多理由可以說明網路是一種理想的行銷工具，它可以為上百萬的人所用，也可以針對一小群人從事行銷。它每週7天、每天24小時都可使用的特性很吸引人，而且沒有地域上的限制。

傳統的行銷比網路行銷花費更高，因此使用網路行銷比較具有經濟效益，此外，可獲得立即回應的功能也很吸引人。如此不但可做到即時統計，也讓行銷人員可即時檢視並調整他們的活動。

喬治‧華盛頓大學活動管理認證課程（The George Washington

University Event Management Certificate Program）──「活動資訊系統概論」（Introduction to Event Information Systems）中指出，當今的活動管理者有以下八種方式可以使用網路。該課程的指導教授賈德‧艾許曼（Jud Ashman）將此稱為e化活動行銷系統的8個C。

1. **溝通**（Communicate）：有許多資源可供活動管理者在網路上進行溝通，包括網站、電子郵件、電子黃頁、搜尋引擎、討論版、線上廣告、網路連結。這些資源在本書續章都會加以討論，相關資訊請上網查詢：http://www.peoplelink.com。

2. **節省成本**（Cut Costs）：網路上提供了各式各樣節省行銷成本的方法。免去郵資成本以及較低額的電話費，讓企業行銷人員發現到自己節省了活動成本。因為在網路上能接觸更多的人，所以廣告費也花得更具效益。Skype公司已為全球網路消費者提供幾近免費的跨國通話新模式，而成為革命性的殺手級應用，讀者可以連上其官方網站體驗其便利，並為企業爭取更多節費空間，相關資訊請上網查詢：http://www.skype.com。

3. **進行調查研究**（Conduct Research）：網路上充滿了珍貴的資源，幾乎任何問題都能獲得解答。你只須安坐在辦公室裡，就能研究會議場地、潛在賣主和目標市場。相關資訊請上網查詢：http://www.cyberatlas.internet.com; http://www.demographics.com; http://www.factfinder.census.gov。

4. **線上交易**（Commerce）：你不只可以購買活動所需的物品，還可以販售活動商品、辦理註冊，並租用廣告。

5. **現行活動**（Current Event）：你可以掌握產業的發展趨勢及熱門話題，並知曉當地、國內或國際上現行的活動。透過客製化網站並加入個人新聞群組，或甚至是部落格，無論你選擇

何種議題或感興趣的領域，你都能獲得最新的資訊。相關資訊請上網查詢：C-Net新聞：http://www.news.com；華爾街周報：http://www.wsj.com；http://www.entrypoint.com。

6. **獲得注意**（Command Attention）：利用網路資源來宣傳你的活動，你可以吸引到更多人的注意。網路廣告可以將群眾的注意力導引到你的網站上。電子郵件的宣傳手法更可以直接命中目標市場。將你的活動加入到該產業的網路行事曆中。相關資訊請上網查詢：http://www.cvent.com；http://www.webadvantage.net。

7. **最新服務**（Cutting-edge Services）：活動管理軟體有助於管理及規劃一場會議所需的許多工作。線上註冊可協助追蹤出席者及付款的情況；來自世界各地的股東也可以透過線上網路會議來進行溝通。

8. **方便性**（Convenience）：活動管理的重要事項都可以在你的辦公桌上完成。你可以不用離開辦公室，就接收到來自於全球各地的資訊。

網路行銷的優勢

不同於傳統的行銷方式，網路行銷講求的是「即時」。消費者獲得的是最新的訊息。因此，必須不斷地更新網站內容，消費者才會一再上門。《網路立大功：有效的網路行銷》（*Net Results: Web Marketing That Works*）一書中列舉出以下幾項網路行銷的優勢：

❑ **品牌建立**：藉由增加網站知名度，快速建立消費者對品牌的認知度。

- ❑ **直效行銷**：可減少印刷與郵寄相關成本。網路可使你能夠針對目標群眾不斷做調整；亦可針對特殊目標群眾傳遞個別化的訊息。
- ❑ **線上銷售**：在互動的環境中立刻進行訂單的處理。
- ❑ **消費者支援系統**：很容易透過「問與答」尋求協助。
- ❑ **行銷研究調查**：可提供關於消費者的有用資訊；你可利用人口統計資料來設計網站。
- ❑ **訊息提供**：將欲行銷機構的相關訊息傳遞給更多的網路目標群眾。

發展e化行銷策略

　　Cvent網路公司（Cvent.com）的業務總監約翰‧福爾（John Fuhr）建議，活動行銷人員在一開始發展e化行銷策略時，應採用傳統的行銷方式並將它們網路化。換言之，採行傳統郵寄DM方式中所能運用到的所有策略，將它們應用到網路上。例如：將原本用紙本印刷的小冊子，轉換成線上的小冊子。

經營計畫

　　在你能夠透過網路行銷獲得收益之前，必須先確切了解所有的業務範圍。除了為欲行銷的機構擬定標準的經營計畫之外，還必須擬定出行銷計畫。《網路行銷的非官方指南》（*The Unofficial Guide to Marketing Your Business Online*）一書建議，可透過以下任一方式來擬定網路行銷計畫：

1. **借助網路工具**：可至http://www.bplans.com網站去下載及編寫經營計畫樣版。

2. **購買經營計畫軟體**：Palo Alto軟體公司（http://www.paloaltosoftware.com ）便提供了這類使用簡便的套裝軟體，有助於擬定經營計畫。

3. **取材網路上現成的綱要**：除了自行擬定計畫之外，亦可參考現有的計畫。小型企業協會（The Small Business Association, SBA）即提供予個別企業這類的樣板。相關資訊請上網查詢：http://www.sba.gov/starting_business/planning/basic.html。

4. **聘請專人撰寫**：如果撰寫營運計畫書业非你的專長，那麼可以聘請專人爲你操刀；若沒有適合的人選，可至http://www.guru.com來尋找，該網站爲一個線上論壇，可連結獨力承接計畫案的人士。

界定事業範圍

在網路上進行活動行銷之前，必須先明確定義你的活動，並釐清目標與目標群衆。以下爲一些重要的執行步驟：

☐ 清楚扼要地定義出事業的主要目標與方針。

☐ 以最佳的方式找出活動在市場上的定位。

☐ 確認活動的優勢與劣勢。

☐ 清楚了解消費者，包括其人口特徵及消費行爲。

☐ 界定競爭對手。

☐ 與競爭對手做區隔。

☐ 評估財務資源。

☐ 進行全面的市場調查。

❑ 決定向消費者傳遞訊息的最佳途徑。

❑ 採用一份詳細的經營計畫。

市場調查

對各種調查而言，網路是最有價值的資源之一，這當然也包括市場調查在內。由於網路上可獲得豐富的資訊，因此要找出你真正需要的資訊，有時就成為一件艱難的工作。網路可協助你尋找：

❑ 市場區隔（什麼樣的族群對你的活動感興趣？）。

❑ 市場趨勢與人口特徵。

❑ 競爭對手評估。

❑ 為你的活動找出新市場的機會。

擬定e化行銷計畫

在決定要使用哪些e化的方法進行行銷計畫時，有許多方案可供選擇，本章將會一一討論，包括網站、網路廣告及電子郵件行銷等。

網路資源——第三方服務商

要在網路上曝光是一項相當驚人的工程，那麼何不考慮找網路專家來幫助你呢？市面上有許多網路公司可協助你讓過程變得更容易，他們可以從頭到尾幫你處理e化行銷的過程，讓你省事許多。藉由求助於專家，他們將可幫你推出一個令人印象深刻且具凝聚力的行銷活動。網路行銷活動是由一個重要的因素驅動，亦即：你的目的為何？網路公司將會透過下列方式來幫助你達到目的：（1）建立清楚的願景；（2）訂出行銷計畫；（3）執行計畫；（4）評估成

果。上述專業網路公司的一個具體範例是Web Ad.vantge，相關資訊請上網查詢：http://www.webadvantage.net.。

　　假使你已擬定好行銷計畫而僅只在網路註冊方面需要一些協助，那麼Cvent公司會是一個很好的選擇。Cvent公司有一套很棒的工具，包括線上註冊、e化行銷以及資料分析工具，促成了會議與活動產業上的革新。Cvent公司的產品大幅改善了活動參與率、效率及成本效益。此外，它在操作上亦相當簡便，在完成「廣告精靈」（Campaign Wizard）的幾分鐘後，你即可製作出一個針對目標族群的客製化廣告。Cvent公司的網路軟體利用機構團體既有的資料庫來製作與傳送電了郵件給目標族群，包括：邀請函、備忘錄、確認信、活動後續的追蹤，以及其他各類宣傳郵件等。

　　上述這些新增功能使得消費者及參與者的回覆變得更為簡易，也為企劃人員提供了更多的便利性。擁有這麼多線上註冊工具，企劃人員將可進行即時統計，而不再需要等候每一筆註冊資料輸入資料庫，然後再由會計部門審核付費的程序。所有的流程都可以在線上完成並獲得立即的處理。

　　像Cvent這類的公司可使你的投資獲得可觀的報酬。他們所用的方法是：

- **節省成本**：降低或免去設計、印刷、傳真與DM的成本；另外，透過參與者人數的即時統計功能，將可節省統計確切人數的成本。
- **提高參與率**：網路一對一的行銷工具，使參與率目標更容易超越。有了預先填妥的線上註冊表格，消費者可以享受其便利性。
- **節省時間**：藉由註冊、付費及行銷的自動化機制，可大幅提升工作人員的產能。

- **增加回應率**：活動展開後不久即可快速獲得顧客的回應。透過自動化的個人服務，如：提醒函及確認信等，你的活動會變得更有效率。
- **提供即時結果**：關於消費者的回應意見、報告及統計數據等將隨手可得。
- **豐富資料庫**：行銷的成敗很大成分取決於資料庫中所能提供的訊息。藉由網路調查，你將可掌握消費者的需求與偏好，及其最新聯絡方式等訊息。

欲了解更多相關訊息，請上Cvent公司網站查詢：http://www.cvent.com。其他提供類似工具的網路供應商有b-there.com（http://www.b-there.com）及Event411等。

《活動網通訊》（*EventWeb Newsletter*）的發行人東‧福克斯（Doug Fox）認為，整合電子郵件行銷、資料分析與線上註冊的工具，可謂會展產業中的應用利器。線上註冊在過去僅僅被視為提供消費者服務的一項工具，以及幫助參與者快速註冊的方法；然而未來網路註冊將會朝向行銷面去思考。一旦將線上註冊與電子郵件行銷整合在一起，將會形成一個強大的工具，你可以傳送個別化資訊給潛在消費者，也可鼓勵他們參與你的會議活動。

利用網路進行活動行銷

微軟公司的電子商務發展部經理凱文‧多藍（Kevin Dolan）將傳統行銷上的5P（產品Product、價格Price、地點Place、公共關係Public relations、定位Positioning）進一步發展成符合網路行銷的模式。他建議透過下列7P來推展一個成功的行銷活動：

- [ ] **曝光**（Presence）：擁有自己的網站是第一步。整個e化行銷活動的主要目的就是提高網站流量。
- [ ] **賞心悅目**（Pleasing）：使網站看起來賞心悅目。
- [ ] **客製化**（Personalized）：藉由個人化的服務發展主顧關係。
- [ ] **採購**（Purchase）：利用電子商務購買或銷售產品或服務。
- [ ] **處理**（Process）：將你的核心事業體系與網址整合在一起。
- [ ] **合作**（Partnership）：與合作夥伴、供應商、客戶及競爭對手相互連結，可以擴大你的訊息傳遞範圍。
- [ ] **程式控制**（Programmable）：網路相當容易調整，可隨時修正行銷訊息。

活動網站網頁開發

活動網站的開發並不小於開發整個行銷策略所需要花費的時間與考量。網頁設計應該確保使用者易於瀏覽與搜尋資訊，而且可以滿足顧客的需求。賈德‧艾許曼建議在製作活動網站時，須注意下列重點：

- [ ] 結構（Structure）
- [ ] 易於瀏覽（Easy of navigation）
- [ ] 風格（Style）
- [ ] 技術需求（Technical requirements）
- [ ] 一致性（Consistency）
- [ ] 個人化（Personalization）

為活動選一個好的網站區域名稱是很重要的。《網路行銷：網路獲利與成功指南》（*Net-Marketing: Your Guide to Profit and Success on the Net*）一書中指出，網址的存活取決於它在網路世界中的辨

識度。所有的網站區域名稱都必須向網路註冊服務中心（Network Solutions Registration Services）申請（http://www.internic.net），註冊流程簡易，而且可以在線上完成。註冊一個新的區域名稱需付費100美元，這是二年的維護費，之後每年支付50元。通常申請流程需要幾個星期[1]。

　　網站區域名稱要盡可能納入活動的關鍵字眼，如此顧客才容易找到你的網站。在開發網站時，關鍵字是一個重要考量，因為當你以搜尋引擎登錄時，它們是利用關鍵字來搜尋你的網站。不過，一個網站應該只著重一些關鍵字，才能在搜尋引擎中「名列前茅」，而獲得搜尋引擎較詳盡的介紹[2]。

　　《會議新聞》（Meeting News）一書中指出，網路使用者專注的時間有限。為了立刻捉住他們的目光，你的首頁應該清楚定義活

---

1. 譯註：在台灣是向TWNIC財團法人台灣網路資訊中心（http://www.twnic.net.tw）申請。所有申請的過程非常簡單，可以完全在線上完成註冊，在台灣申請的單位更多元，許多的線上的委辦單位都可以協助處理。以下受理註冊機構為現行可以代理申請註冊的單位：

　　■ 協志聯合科技股份有限公司（http://reg.tisnet.net.tw）
　　■ 亞太線上服務股份有限公司（http://rs.apol.com.tw/）
　　■ 中華電信數據通信分公司（http://nweb.hinet.net）
　　■ 網路中文資訊股份有限公司（http://www.net-chinese.com.tw）
　　■ 網路家庭資訊服務股份有限公司（http://myname.pchome.com.tw）
　　■ 數位聯合電信股份有限公司（http://rs.seed.net.tw）
　　■ 台灣固網股份有限公司（http://domains.tfn.net.tw）
　　■ 台灣電訊網路服務股份有限公司（http://www.ttn.net.tw/）

　　　在台灣以中華電信申請台灣地區公司網址（.com.tw）為例，新申請之網域名稱一年期為1400元或二年期2400元，如果二年後要續用此網址，一年1000元或二年2000元。

2. 譯註：現行主要的搜尋引擎入口網站，針對新網址的註冊，除原本之註冊流程之外，也同時會推廣活動企業以付費廣告之方式，將有廣告之網址排在前幾位，以增加被消費者搜尋點閱之機率，詳細內容可以參閱各入口網站之服務說明。或是可以請網站設計公司利用SEO（Search Engine Optimization）搜尋引擎最佳化的技術來增加自己網站的能見度。

動的焦點、預期的目標群眾,以及參加此活動的好處。《會議新聞》還列出在設計網頁時其他要注意的幾項重點:

- ☐ 你的網站不見得要很精美,但是必須要夠吸引人,能夠引發潛在參與者閱讀你的行銷資料內容。
- ☐ 讓參與者可以在網站上很容易地與你取得連繫。網站的訪客也許不會立刻就註冊,但透過提供機構團體的電子郵件信箱、郵寄地址、其他連絡方式及連結會議活動資料,他們就可以很方便地與你取得連繫。
- ☐ 所提供的資料要方便列印。許多人在參加活動前都需要得到老闆的同意。有些老闆較傳統,他們比較喜歡將文件印出來後,進行閱讀與了解。
- ☐ 要設置常見問題區(FAQ)。

設置相關連結,讓你的目標群眾連結到其他他們感興趣的領域是你應該提供的有用資源,這會讓你的客戶留下深刻印象,並顯示你是市場的領導者。同時與其他網站交換連結也可以增加網站的流量。網路上有很多互相介紹的生意,就如同現實生活中的貿易一般。在協商的過程中,你就會清楚了解有哪些公司對於與你交換網站連結是感興趣的。微軟公司的狄波拉・惠特曼(Deborah Whitman)認為,交換連結不只是為你的網站增加流量,更可以提升網站在搜尋引擎上的排名,譬如Google、Yahoo!。她提供下列六項建議,讓人們確認要與之建立交換關係的企業型態:

1. 提供互補性產品或服務的公司網站。
2. 為你的客戶提供服務的非相關公司。
3. 當地的企業。
4. 供應商及經銷商。

5. 同業公會及其他社群組織。

6. 競爭對手。

當活動網站完成後，別忘了在所有的印刷品印上活動網站的 URL（uniform resource locator，統一資源定位器）。這些印刷品包括宣傳手冊、傳眞文件、新聞稿、名片及廣告等等。

撰寫網路文案與撰寫其他行銷通路的文案很不一樣。Web Ad.vantage公司提出撰寫網站文案時必須遵循的五大重要準則：

1. **對象為「所有的人」**：在設計網站時，要力求簡單，讓每個人都可以看得懂。與傳統的行銷文件相較，通俗語言在網路上比較常見，還有一些非傳統的寫作，如俚語和流行語也是。重點是要跟每個人打交道。

2. **精簡的文字**：不要給你的讀者太多資訊，否則你會失去他們。每一段文字要簡短、利用項目符號、採用較大的字體，如果可能的話，也可插入圖片。

3. **獲取回應**：找個與本身產業無關的人來評論你的網站，而且不要是你的朋友、家人、同事或下屬。認眞看待這個人所提出的評價，必要的話，可依此調整網站內容。

4. **切記網路具有不連貫的特質**：網路不像書本一樣必須一頁接一頁的翻閱。由於網頁之間常常彼此間沒什麼關聯性，所以在每一個網頁中都要一再重複重要的資訊。因為你永遠不知道網路使用者會從哪一個網頁進入你的網站。

5. **要言之有物**：網站中所有的資訊都要包含活動的宗旨。

想知道更多有關撰寫網站文宣的資料，請上網查詢：http://www.thewritemarket.com。

強化網站的方法：

◆ 要有「設為首頁」的選項。

◆ 設一個「寄給朋友」的連結，讓人們可以推薦網站給同事、朋友及家人。

◆ 辦一份可以讓網友「選擇加入訂閱」（Opt-in）[3]的電子週報。

以下幾個網站是消費者再訪率很高的網站：

☐ 亞馬遜書店：http://www.amazon.com

☐ 網路花店：http://www.1800flower.com1800

☐ 美國西爾斯百貨：http://www.sears.com

當你開始在設計活動的網站時，想想當自己在瀏覽網站的時候，什麼狀況會讓你覺得失望、無力？這些會讓人很無力的因素，包括：

☐ 資料不全

☐ 網頁下載很慢

☐ 很難找到的網站

宣傳你的網站

當網頁設計的階段完成時，你必須導引人們進入你的網站。《會議新聞》建議了八個輕鬆小密訣，可以鼓勵活動參與者造訪你的網站：

---

3. 譯註：Opt-in：根據C-net網路媒體的定義，稱之為「選擇加入名單」，是指電子郵件寄送名單在取得過程當中，讓使用者以自願的方式加入寄發的名單之內，這個過程就是opt-in。

活動行銷

1. 在高流量的搜尋引擎及網頁目錄登錄你的活動網址（例如 Yahoo!, AltaVista, HotBot及Excite）[4]。

2. 設法將自己的活動加入在各地的會議與活動行事曆中。相關資訊請上網查詢：http://www.tscentral.com；http://www.tsnn.com；http://www.associationcentral.com。

3. 考慮與其他網站交換連結、贊助或廣告等。

4. 在網上發佈新聞稿，相關資訊請上網查詢：http://www.businesswire.com；http://www.prnewswire.com；http://www.digitalwork.com；http://www.prweb.com。

5. 盡可能在每個地方加上你的網址（如印刷品、廣告等）

除了以上的訣竅之外，Web Ad.vantage公司還提供了數個低成本的方法來宣傳你的網站。

- ◆ 在所屬目標消費者的電子報上購買低成本的廣告。
- ◆ 開發你自己的「選擇加入訂閱」的電子郵件名單，並寄送通知、最新消息及網友獨享等訊息。
- ◆ 創辦一個會員專案。
- ◆ 到http://www.recommend-it.com網站上尋找免費的參考資料。
- ◆ 每一次的消費或註冊都贈送客製化的廣告贈品。
- ◆ 寫封信給目標群眾感興趣的雜誌或期刊的編輯。
- ◆ 在活動網站上提供部分免費優惠，然後在完全免費的網站上進行登錄註冊，如http://www.freecenter.com或http://www.free.com。

---

4. 譯註：2006年網路主要搜尋引擎在英文網域已改為Google, Yahoo!, MSN等為首；在台灣為Yahoo!, Google, PCHome, Sina, MSN, Yam等。

6. 找出與你的產業相關的電子郵件、討論區或名單,並積極參與其中。

7. 在電子郵件的結尾處使用簽名檔提供你的聯絡資訊以及活動的訊息。這短短的幾行字要引人注目。

8. 與展覽商交換連結,使他們原有的消費者對你的活動也有所了解。

網路上的活動廣告

網路廣告的目的在於獲得即時且容易計量的結果。《網路行銷初學者手冊》中指出,對於廣告而言,網路既是最理想也是最糟的媒介。好的方面是網路廣告可以輕易地追蹤點閱廣告的人數。一般來說,網路廣告的點閱率通常都在1%以下,後續章節將會討論。

部分的網路活動廣告並非立即見效,而是對未來的商機有幫助。我們稱此類的廣告為「形象廣告」或「品牌廣告」,就像在報紙、廣播及電視等媒體一樣,這類廣告更難以追蹤。

你必須做的決定是要如何將你的廣告放在網路上。是要在自己的網站上做「自家廣告」(house ads)嗎?還是要在其他的網站上宣傳你的活動?也要想想你是否允許別人在你的網站上做廣告呢?

活動橫幅廣告

橫幅廣告(banner ads)是指在某個網站上銷售給其他企業或他人使用的空間。數年前,橫幅廣告只是靜靜地躺在網頁上方的靜態廣告。但現在則因為技術的進步,已經有用動畫、影片及聲音做成的互動式廣告。幾年前橫幅廣告的點閱率在2%以上,但到了現在,由於橫幅廣告處處可見,點閱率已經降至0.5%左右。

微軟的Bcentral.com網站提供下列使用橫幅廣告時應注意的秘訣:

1. 簡單扼要。
2. 提供相關利益。
3. 獲取注意，激發好奇心。
4. 使用促銷及競賽活動。
5. 號召網友採取行動，讓人們想要點閱。
6. 提供的資訊要與活動目的相符。

電子雜誌及電子報

電子雜誌或電子報（Ezines and Newletters）中的廣告是最值得推薦的網路廣告方案之一。此類的媒體論壇有高度的目標性，相對而言也較為低廉，通常具有高於其他廣告的投資報酬率。因為這些電子雜誌及電子報是消費者自行訂閱或「選擇加入訂閱」（Opt-in）的，因此不會被當成垃圾郵件或擾人的郵件。《電子雜誌免費工商名錄》（*Free Directory of Ezines*）的發行人麥克·索頓（Michael Southon）提出電子雜誌廣告成功的十大準則：

1. **追蹤廣告**：如果你在同時間有多項廣告同步上刊，追蹤各個廣告就變得更加重要。最簡易的方法就是在每一封發出的電子郵件或網址的末尾設置編碼，例如你可以用以下的格式在電子郵件信址的後方編入：yourname@yourdomain.com?subject=ezineA或是使用免費的網站統計系統，你可以試試這兩個網站：http://www.hitbox.com, http://www.openwebscope.com。

2. **瞄準你的目標群眾**：善用電子雜誌工商名錄表單中分門別類的「主題式分類」，你就能找到與你的活動目標群眾相關的電子雜誌。

3. **先訂閱電子雜誌**：當你已經選擇了不少與活動目標群眾相關的電子雜誌之後，先訂閱這些雜誌，並仔細研究雜誌中所呈現的廣告。如果你有看到重複出現的廣告，你大概可以推測這個廣告對活動本身產生不錯的效果。

4. **觀察每一期雜誌中有多少的廣告出現**：算算在每一期雜誌中出現廣告的數量，如果你發現了大量的廣告，那回應率可能不會很好。這些刊物的讀者可能會開始忽略這些廣告。

5. **找找看有沒有競爭者的廣告**？如果沒有競爭者的廣告在，那你的廣告效果會好很多。

6. **選擇小型雜誌還是大型雜誌**？大不一定等於好。大的刊物想當然會有比較多的廣告，這也就意味著你家廣告的關注度會減少。而且小型電子雜誌可能更能鎖定你的目標群眾。

7. **重複出現**！根據研究顯示，非網路上的廣告要出現九次以上才會產生效果，很多的電子雜誌會提供折價特區（discount package）。如果你的廣告預算不多，在每一份刊物上也至少要出現三次以上。

8. **使用電子郵件還是網址**？使用電子郵件信址跟網址連結不同，電子郵件可以帶出更為有效且準確的回應，而且電子郵件也比網址容易追蹤。

9. **提供免費的服務或產品。**

10. **簡潔的廣告內容**：簡短有力的廣告比較可能被閱讀，語句要簡潔易懂，而且要用「你」這個字眼。與其介紹活動，不如告訴讀者參與該活動的重要性。

　　如果你想要獲得更多的資訊，可以至「電子雜誌免費工商名錄」網站上一探究竟：http://www.netmastersolutions.com。

廣告購買選擇

多數的網路廣告以下列兩種形式來進行銷售：每千人瀏覽成本（CPM, cost per thousand impressions）和每次點閱成本（CPC, cost per click）。CPM主要是依據廣告在線上出現的次數來計算，而CPC則是以廣告點閱次數來計算。表面來看，CPC似乎是第一選擇，但是請注意：如果你所刊登廣告的網站不是擁有很大的流量，使用CPC並不划算。

很多的電子雜誌對新的廣告活動都會有特別優惠，所以別忘了在刊登廣告時要求一些折扣。這將可以讓你在投資大筆資金之前，就可以對特定市場有些許了解。而且如果投入的廣告有不錯的效果，你可以有更多自信與意願再加碼，相信廣告業務代表將會與你有更為密切的合作。

Web Ad.vantage公司建議，當你要購買網路廣告時，一定要記得詢問以下三個問題：

❑ 請問這個網站的平均月流量是多少？如果你的廣告業務代表無法回答或是沒有提供統計數字，你就要小心一點，因為你很可能會付了太多的費用而買到效果不佳的網路空間。

❑ 請問你的網站可以提供什麼樣的廣告點閱追蹤統計資料？

❑ 請問每月最少要付多少錢？

記得要從經驗中學習！在這過程中難免會出錯，廣告選購不是一門嚴密的學問。盡你所能去做到最好，而且努力去嘗試！

搜尋引擎

提高活動網站流量最重要的方式之一，就是一定要名列在所有

最多人使用的搜尋引擎及目錄服務中。RealNames公司（http://www.realnames.com）所做的一份研究中提到了此觀念的重要性：

- ❏ 有超過85%的網路使用者使用搜尋引擎。
- ❏ 五成的網路使用者，花了七成以上的時間在網路上搜尋資料。
- ❏ 在使用搜尋引擎時，有70%的受訪者明確知道自己所要搜尋的目標。
- ❏ 有44%的網路使用者對網路瀏覽搜尋引擎的使用感到失望挫折。
- ❏ 有20%的網路使用者在無法找到搜尋標的時會完全放棄，而其他的網路使用者會轉而嘗試其他的搜尋引擎。

　　為了登錄你的活動，你要去每一個搜尋引擎的網站上，而且跟著網站中的指示來登錄，如此才能確保已刊登完成。如果你希望成為市場的領導者並且在搜尋引擎表單中名列前茅，那麼就要付費以獲得排名。Google（http://www.google.com），GoTo（http://www.goto.com）及AltaVista（http://www.altavista.com）等此類的網站都有提供這種新選擇[5]。也就是說，當使用者利用搜尋字串搜尋時，搜尋結果就會依據每次點閱的付費價格依序列出。身為一個行銷人員，你就要選擇幾個你想排名列出的關鍵字詞。你所出的價就是每次有人點閱了你所選的字串時，你就要付費。特別要注意，每個網站在出價方面有特別的規定，所以要很仔細地研究如何讓你的出價被接受。同時，也因為搜尋字串數日增，競價也會上升，所以很可能你的網站連結會被願意付更高價的競爭者擠下排名。

　　有很多人不喜歡這樣的遊戲規則，因為擠壓了資金較少的個體戶，隱藏了真正的搜尋結果，這會讓某些消費者產生更多的疑惑。

---

5. 譯註：台灣有提供此類服務者以Yahoo!奇摩搜尋（http://tw.yahoo.com）為主。

全球最受歡迎的搜尋引擎：

* About（http://www.about.com）
* AltaVista（http://www.altavista.com）
* AOL（http://www.aol.com）
* Ask Jeeves（http://www.askjeeves.com）
* Excite（http://www.excite.com）
* Go.com（http://www.go.com）
* HotBot（http://www.hotbot.com）
* LookSmart（http://www.looksmart.com）
* Lycos（http://www.lycos.com）
* MSN（http://www.msn.com）
* WebCrawler（http://www.webcrawler.com）
* Yahoo!（http://www.yahoo.com）

關鍵字之購買

　　購買關鍵字有很多種模式，從橫幅廣告到付費排序都有。當網路使用者在尋找某一特定字串時，搜尋引擎就會加入此類的廣告。舉例來說，假如你購買了「氣球」這個字，那麼每次當網路上有人搜尋氣球這個關鍵字時，你的廣告就會隨之出現。像Yahoo!及AltaVista網站都有提供購買關鍵字的服務。

　　值得注意的是，愈是普遍的字，費用就愈高。如果你很慎重地選擇了你所使用的關鍵字，那麼這將導引你進行精準的目標行銷。所以當你要購買此類廣告時，我們建議以「點閱數」取代「瀏覽量」來計算廣告費用，如此才能確保你花錢買的廣告確實有人看。

將活動訊息個人化

　　網際網路已經成為極佳的利基行銷工具，因此，當你要確認活動的目標群眾時，你就會比較容易利用特殊的方法集中行銷火力於特定群體上。例如「Cookie」可以用來記錄訪客名稱以及他們在網路上瀏覽的習慣，這個工具可以為你的訪客提供更佳的服務與資訊。更多與「Cookie」有關的訊息，請上網查詢：http://www.cookiecentral.com。

利用電子商務推行活動

　　利用你的網站做為一個利潤中心，鼓勵訪客在進入你的網站時購買某種產品，或是參與一些與交易相關的活動。如果你自己的公司沒有資訊技術人員，有許多的網路代管公司提供相關服務。這些公司也提供「購物車」的功能，通常不需要額外的程式設計，花費也只要數百元美金上下而已。另外，你也可以於網站中設定購物服務，例如http://smallbusiness.yahoo.com，月費可能從美金10元至100元以上不等，依照網站及服務內容而訂。

贊助與合作

　　並非所有的曝光都要透過廣告。與其他機構建立合作與贊助關係是一個很棒的方法，不只增加曝光率，更可能獲得收益。你可以採取以下的二種方式進行：你可以將你的活動放在其他網站上，同時開放你的網站給其他人使用。這些模式會產生金錢往來的交易（例如廣告空間的出售），也可能是不涉及金錢的「以物易物」。所以當你與策略合作商發展夥伴關係時，可以在網路上利用橫幅廣

告（banner）、按鈕廣告（buttons）、文字、連結等相互宣傳，以及直接在網站上販售對方的商品。夥伴之間甚至可以設計合作品牌的網頁，彼此共同促銷。

在電子化贊助關係中，有下列五種基本的型態：

1. **品牌內容**（Branded content）：廣告主通常不須擬定廣告內容，這是製作公司的職責。
2. **活動促銷**（Event Promotion）：廣告主必須聯合製作公司共同發展活動內容。
3. **廣編稿**（Advertorials）：這與傳統印刷品的方式不同，因為它更樂於展現出可取悅廣告主的資料。
4. **微型網站**（Microsites）：這個概念是將廣編稿擴大延伸，成為一個多元廣告或內容的網頁。就類似紙本雜誌或報紙中的別冊或增刊。
5. **入口網站**（Protals）：這可能是所有贊助關係機會中最令人困惑的方式。在這方式下，其中一個網站會同意與另一個網站整合使用，提供網友更多的資訊服務，更可能會為內容的提供者創造出品牌價值。

聯盟或協同專案

這些方案只有一個單一目的，就是將目標群眾的流量導向一個活動網站。對小型企業而言，這是在網路上最佳的線上行銷工具，因為沒有財務上的風險。概括來說，聯盟行銷只不過是線上的賣家（亦即販售服務、產品及商品的人）及聯盟者（例如內容網站）之間一個共享的空間。聯盟者可以利用與線上賣家的連結，以期獲得

具品質的流量，而且更期望提高消費者付諸行動的比例（例如進行
註冊、銷售、下載等）。

　　在這些方案中，只有當顧客在你的網站上進行付費（亦即，活
動註冊、購買商品、簽署電子郵件名單服務，或是任何你希望顧客
會購買的商品或服務。）聯盟行銷與廣告有極大的不同，廣告是你
在事前就付款，進而期待消費者上門，但聯盟行銷是當成效出現後
才付費。在這些方案中，只要每一名顧客在你的網站上完成一筆交
易，你就同意付給另一企業（聯盟者）介紹費。

　　要了解更多的聯盟行銷，可上網查詢：

Commission Junction: http://www.cj.com。
Performics: http://www.performics.com。

　　英國微軟的Bcentral.com公司建議了五個在運用聯盟行銷時可以
發揮最大潛力的密訣給有意投入者：

1. 找尋可以提供分級投資的出價方式。
2. 提供多樣的連結。
3. 尋找對的聯盟者。
4. 積極地招募聯盟對象。
5. 一旦你選擇了聯盟者後，就要負責服務他們。

　　方案的種類琳瑯滿目，因此找到一個對的，或是創設自己的
行銷方案，都是一大挑戰。在加入一個方案後，切記要持續評估其
績效，追蹤其效果。只要多一分努力，聯盟行銷可以為你增加高達
15%的線上活動量。這些方案是要費心去經營的，不過卻很值得。
亞馬遜網路書店（Amazon.com）即擁有超過45萬個聯盟者，將它的
資訊寄送給新的消費者。你也可以成為下一個成功案例。

活動行銷

連結

在較繁複的行銷工具出現之前，橫幅廣告、聯盟方案及贊助關係，就只有簡單的超連結。藉由與其他網站的連結，你可以讓網站流量增加。Web Ad.vantage公司提供成功連結的小密訣，你可以至http://www.webadvantage.net網站上參考「行銷密訣檔案」（"Making Tip Archive"）。

討論區

線上討論區對於行銷你的企業、服務及活動而言，是一個不錯的工具，但也要知曉線上禮節守則。Web Ad.vantage公司提供三個密訣，協助你避免踰越網路道德界線。

- 明確了解你要張貼在哪個討論區內：當你剛加入一個線上討論區時，不要冒失地到處張貼活動訊息。這跟討論區中的垃圾訊息沒兩樣。你應該做的是，在張貼之前，花一些時間觀察瀏覽所有的討論標題（這叫做只看不發〔lurking〕）。藉此你可以明瞭討論區中參與者的說話方式，了解什麼樣的主題有人討論，而哪些主題會惹惱大家。
- 不要讓人感覺你很商業：要確定你的銷售訊息經過巧妙處理。
- 賣弄一下你的專業知識：盡可能不要於討論區中提到任何活動組織的事，在回答問題時要用適切的資訊證明你是這個領域的專家。最後在簽名處留下你的姓名、所屬組織的網域及連絡資料。

線上調查

　　知道活動網站的訪客是哪些人，其重要性就如同監管網站的流量與訪客人數一樣。如果你了解你的網站目標群眾及其人口特徵，那麼就可以更直接地向目標群眾行銷你的網站。其中最有效的方式就是做調查。而你要問的問題就要依據你想知道的資訊來做決定。問題切記要簡短有力，而且別忘了問一些顧客背景資料，但是不要觸及太隱私的問題。以下的調查服務可協助設計、保存及發送線上問卷調查（由Web Ad.vantage公司提供）。

　　❐ http://www.zoomerang.com 提供建立簡易的線上調查。
　　❐ http://www.surveysite.com專門提供獨立的網站評估、線上焦點團體訪談、彈出式問卷調查與民意調查，以及電子郵件問卷。
　　❐ http://www.infopoll.com提供線上調查軟體，協助使用者製作問卷及蒐集即時的線上回饋資訊。
　　❐ http://www.add-a-form.com提供免費的「公共網域」調查表，以及付費的專業化客製調查表。

電子商務廣告

　　有一種如同電視廣告般的熱潮已襲擊電子行銷的世界。e-Commercial.com公司研發出一種革命性的工具，將影音商業廣告引進網路中。30秒的商業廣告還加上與各種網站連結，而且還有追蹤顧客點閱率的技術。想了解更多關於這項創新工具的資訊，請至http://www.crn.com/ebiz查詢。

　　網路上還有許多其他方法為你的組織或客戶提供服務。他們可

能直接處理行銷事宜，也是你考慮推廣活動的各項策略。EventWeb Newsletter建議下列幾種方式：

- ☐ 網路廣播及串流影像
- ☐ 線上貿易展
- ☐ 線上拍賣
- ☐ 線上學習教育

電子郵件

電子郵件不只有效率，更是傳達資訊的利器。在行銷定位中，電子郵件可以為專案活動行銷人員提供很多的協助，如測試各種訊息，建立與機構網站之間的連結，蒐集電子化的資訊，在節省經費的同時還鼓勵更多、更高的回應率。

活動涉及到許多規劃活動的機構與參與者之間的溝通管道。每一次跟參與者的溝通，都是可以建立彼此關係與價值觀的機會。《協會會議》（*Association Meetings*）雜誌列出了活動行銷人員都應該考量的六項資訊：

1. **初次邀請**：這通常是第一次的接觸，所以郵件中要包括所有的細節、重要性、建議及行銷訊息以鼓勵人們註冊參加。
2. **後續行銷**：此部分與初次邀請相似，但應該為那些在第一次沒有回應的大眾多加一點不同的行銷資訊。
3. **活動註冊確認**：這個訊息是確保參與者的註冊已完成。尤其是付費的活動，這個訊息可以當做付款的收執聯。同時，此時也是確認個人資料、活動資訊及其特殊需求的機會。
4. **對於謝絕參與者表達遺憾**：這類的訊息可以加一點卓越感，

並以正面交流的方式來協助強化更穩固的關係。這也是讓謝絕者知道如何取得活動相關資料的大好機會。

5. **活動備忘錄**：這個訊息有助於建立更穩固的關係。備忘錄應該包含流通的資訊、節目異動及活動的收支狀況。

6. **活動後的感謝函**：除了表達謝意之外，感謝函也是做業務、蒐集教育性資料及回應的另一機會。

電子郵件行銷是最符合成本效益的方法，因為每一則訊息也只花費幾毛錢而已。與傳統的DM寄送，每份成本要價一元以上相比，可以算是極具競爭力。

在〈電子行銷：你可以期待的事〉（"Electronic Marketing: What You Can Expect"）一文中，作者提姆‧梅克（Tim Mack）指出，電子郵件行銷人員仍舊依循傳統DM行銷的「40-40-20」法則。這個法則是指，廣告文案、圖片及其他「創意」的要素只佔整體廣告效果強度的20%；而正確的價格或產品本身佔40%；另外的40%就是要傳遞給正確的客群。

發送

如果企業本身並沒有自身的會員名單，那麼利用第三方服務來發送電子郵件將是最可靠的方法。此類服務可提供一長串選擇要收到資訊的人員名單。如同前述介紹的「選擇加入訂閱（Opt-in）」。因為電子郵件是來自第三方，所以他們的地址會出現在「寄件人」欄位，因此這封電子郵件不會被當做垃圾郵件。例如像Web Ad.vantage公司（http://www.webadvantage.net）就可以協助你規劃電子郵件行銷策略。如果你已經有完整的計劃，就可以直接去找名單商購買電子郵件名單。

建立成功活動電子郵件網絡的15個步驟

1. 開始進行。加入討論區中，訂閱電子報及電子雜誌，並參加使用者網絡（Usenet）消費者所組成的新聞群組。在討論區中提供特殊問題的協助及專業知識，或尋求協助，如此才能展開「認識、喜歡、信任」的網路溝通過程。

2. 介紹說明。在每個論壇中都要判別自我介紹的方針，並寄出關於你自己與公司的介紹，內容包括你是何許人？你從事什麼工作？你所要找的客戶是哪些人？

3. 簽名檔。在所有寄出的信件中盡可能加上簽名檔，如請求協助、回答問題、簡介、或是其他的電子郵件覆函等。我也曾加入過沒有任何人使用簽名檔的名單中，所以在使用簽名檔時，要確認你所遵循的名單規則。

4. 自動回應系統顯然是最成功的網路工具之一。只要以一封電子郵件寫出需求，自動回應系統就會自動地寄出所需資訊，它可以進行的工作很多，包括：

   ■ 宣傳資料
   ■ 產品及服務資訊
   ■ 招募人力
   ■ 教育訓練協助
   ■ 文章發佈

5. 廣告。電子郵件「不允許」未經同意就將廣告寄送至信箱中。但你可以在不同的電子郵件論壇、電子雜誌及通訊中發送廣告。切記在發送之前先檢查一下論壇規則是否允許發送廣告。

6. 產品遞送。有很多公司的產品可以經由電子郵件遞送，例如顧問業、軟體公司、作者／作家、教育訓練講師都可以藉由電子郵件來傳送產品及服務，這可大幅地降低成本。

7. 後續追蹤。適時上網更新，致歡迎詞，或在某些情況下，藉由電子郵件發送一般資訊。後續追蹤是針對現有的客戶或是對未來保持連繫表達興趣者，如果顧客之前沒有尋求任何資訊，那就不算追蹤。

8. 顧客服務。能夠快速、有效率地回應行銷顧客的問題、需求以及抱怨，是極具價值的網路工具。

9. 商務通訊與文章。在網路上親自撰寫文章是建立商業信譽最重要的工具之一。在目標電子報或電子雜誌上發表這些文章是非常有效的。一旦你已經有足夠的相關資料時，你就可以開始發送自己的電子報。

10. 媒體新聞稿。無論是線上還是實體刊物，多數編輯都傾向透過電子郵件收到新聞稿。至於有些論壇，則有必要先確認編輯確實希望經由電子郵件收到新聞稿。

11. 管制／訪客管制。大多數真正有用的電子郵件名單與新聞群組是受到管制的，這表示有人負責維護這個群組的正常運作，防止偏離的訊息出現在名單上。你可以開設自己的管制群組，或是在一個你能掌握的群組中自願擔任「訪客管制員」。

12. 競賽。你可利用電子郵件來發佈、執行與推廣一個競賽。切記在論壇中發布競賽消息之前，要確認論壇中競賽的相關政策。

13. 研究。電子郵件也是一個有力的研究工具。因為經由電子郵件最容易寄發尋找資料的需求。

14. 系統化。電子郵件可以幫助你維持系統化且具生產力。運用過濾程式（該程式可以自動地幫你分類郵件）及一組樣版信（事先寫好電子郵件內容，用以回覆常見的問題及一般常用資訊），你會發現一天只要數小時就能處理數百封的電子郵件業務。

15. 個人電子郵件。透過親自與他人通信交流，你將更能近距離地認識人們，他們也會更加認識你。透過電子郵件，不只可能「讀懂」人們（因而認識、喜歡並信任他們），而且也很容易做得到，只要你懂得察覺人格特質。

資料來源：Nacy Roebke, http://www.profnet.org。

名單之使用及郵寄名單

在你所發出的資料上要有一個「不願意訂閱」的選項，因為收到郵件的人可能隨時會要求將他們從郵寄名單中刪除；同樣地，你也要設個「選擇訂閱」的選項，因為也有人會希望收到更多的活動與產品資料。要特別注意的是，在回覆訊息時要遵循網路禮儀，所以請務必遵守名單使用的規定。

個人化

相較於傳統的DM行銷，電子郵件活動行銷提供了許多的好處。Cvent公司的商業發展總監約翰·福爾（John Fuhr）強調，電子郵件最大的優勢就是能夠瞄準特定的客群。舉例來說，如果你想吸引會員、非會員、學生及展覽商出席同一個活動，那麼就不要寄給他們一模一樣的宣傳單，你可以分別針對他們個別特定的需求有所修正。在每一封郵件及附件中，可以強調跟他們直接相關的部分。而且別忘了——電子郵件是低成本，甚至是免費的！因此你所省下的將是一大筆的印刷成本與郵資。

自動回覆系統

當你寄電子郵件到某些公司時，會收到一些幾乎毫無用處的即時回覆信件（例如，感謝你的詢問，本公司將於二週內與您回覆），有些人會把它跟自動回覆系統混為一談。事實上在與顧客保持連繫方面，自動回覆系統可以成為一項非常有效的工具。每當消費者要求寄送資訊時，自動回覆系統就會幫助你處理這些事。

Web Ad.vantage公司列出了自動回覆系統的優點：

- 知道是誰對活動資訊有興趣。
- 減少到府服務。
- 追蹤回應率及對活動內容感興趣的程度。
- 將後續追蹤與提醒訊息自動化。
- 節省發送重複訊息的時間。

電子郵件行銷的小密訣：

◆ 確認每一封電子郵件都獲得即時的回覆。當一個電子郵件信箱有接收廣告，它將會被難以估算的訊息給淹沒。所以當潛在的消費者有所回應時，千萬不可以忽視或延宕回覆。

◆ 確認所發出的電子郵件是正面且包含資訊在內，因為每一封從公司發出的郵件都代表著整體行銷訊息的一部分。

◆ 千萬不要發送垃圾郵件。此類的郵件經常被忽略或是當成負面的資訊。相反地，要利用名單服務或郵寄名單來發送大量的資訊。

如何衡量網路活動是否成功

在衡量電子活動行銷是否成功之前，要先決定要以什麼樣的標準來定義成功。這可以經由檢討原本舉辦活動的目標與目的來判斷。並且重新檢驗二個層面：定位與創意。在定位方面，要思考：活動是否對我們的機構有用？它是否為我們帶來了人潮？在創意方面，想一想：所寄發出去的實體廣告（如DM）或電子郵件，這些訊息是否有所成效？切記一個廣告或訊息可能會對某一位目標群眾有用，對其他人卻沒有；在某一個網站上奏效，對其他網站卻不一定有效。英國微軟的Bcentral.com公司給了個很好的比喻：如果你要促銷一個聖誕飾品，那麼在運動網站上廣告一個美式足球的飾品可能會很有效，但是在一個宗教網站上可能完全沒用。所以當你改變你的目標群眾時，也必須很敏感地馬上變換訊息。

在決定衡量標準時必須十分謹慎。雖然「點閱數」（Click-through）非常容易計算，但有時候卻不是最佳的方法。舉例來說，如果你有一個非常吸引人的活動橫幅廣告，就會獲得大量的點閱數，看起來像是一個很棒的投資。但是如果這些點閱沒有產生任何的行動，那麼這個廣告就不具成效。

在衡量電子化活動行銷的成果時要考量以下數點：

◆ 總流量
◆ 引薦人次（leads）產生的數量
◆ 引薦人次（leads）轉化成註冊或門票銷售的比例
◆ 實際門票銷售量／回覆數（Respondez s'il vous plait, RSVPs = Please reply）
◆ 預期回流顧客量

最好的衡量方案取決於活動的目的為何。你是想要為網站帶來更大的流量嗎？那麼，就去計算點閱數。你是想要獲得更多的顧客嗎？那就估算一下電子郵件的登錄量。如果你是想要賣掉更多的產品，那就由廣告及電子郵件訊息所帶來的銷售量來評估。

橫幅廣告在同一個網站上放上幾個禮拜後就會失去效果。你可以考慮在同一網站上變換不同的廣告，才不會讓看的人感到無趣。你也可以在同一區放上二個不同的廣告來測試哪個廣告效果比較好。

一旦你已經決定要衡量的標準時，接著就要判斷有助於你達到活動目標最佳的行銷手法。通常是當你要繼續打同一個廣告戰，或是轉變且重新評估你的廣告或訊息內容時。你可能也會考慮比較在每個網站中投入金錢的報酬率，每一塊錢所達到的銷售成績為何？是否要增加或是減少投入的心力？

不要忘了檢討所有投入在線上活動行銷的努力，這包含了電子郵件行銷引薦人次、搜尋引擎，以及聯盟行銷方案等。是否有必要增加聯盟？是否要花點功夫讓你的網站加入搜尋引擎？或是加入更多電子雜誌在你的行銷名單上？因為有這麼多必須考量的面向，所以請專業的策略顧問來為你處理線上活動行銷的事務會很有幫助。

顧客的回饋是無價的。透過調查與焦點團體座談，你可以了解網友對於你的網站有哪些看法。

點閱後追蹤

網路廣告可以藉由查看點閱率來評估其成效。點閱率是指所有瀏覽者點閱廣告的比例。如同前述，通常廣告的點閱率都低於1%。你可以將廣告的總成本除以點閱廣告的次數，就可以得到每次點閱數的成本「CPC」（cost per click）。

做好例行事項

　　當你在進行研究及進行行銷活動規劃時，可以停下來深呼吸一口氣，再重新開始。然後開始處理行銷計畫中的「例行事項」。行銷計畫是最基本的工具，在未執行「例行事項」之前，行銷策略就不算完成。

　　以下是由JDD出版社的吉姆‧丹尼爾斯（Jim Daniels）所研擬出的「虛擬計畫」，非常簡單。他的網站www.bizweb2000.com已幫助數千人在網路上獲益。

每日例行事項

- ❏ 回覆電子郵件。這是最優先的工作，在虛擬的世界中，每個人都期望得到立即的回應。
- ❏ 完成一項與行銷有關的事務。無論事情的大小，都要保證做完當天的工作，不管是在新的搜尋引擎中註冊你的活動網站，還是只是在討論區的告示版張貼訊息，都要確實完成。

每週例行事項

- ❏ 在自己的活動網站上增加新網頁。增加新的網頁也可以提高網站的曝光率，方法是增設更多入口處，以及保持網站的新鮮感，免得網友認為網站過於呆版或讓人生厭。
- ❏ 在你的GoTo帳戶中新增至少十來個搜尋關鍵字。

每月例行事項

- ❏ 提供新網頁給5個以上新的搜尋引擎進行檢索。一旦你名列在重要的搜尋引擎（例如Google, Alta Vista, Yahoo!和

Excite）上，就要升級到更高階的引擎中，例如MetaCrawler
和LookSmart。同時，別忘了登錄到多重引擎搜尋器中，例如
Dogpile.com。換言之，將活動網站登錄到愈多搜索引擎中愈
好。

❒ 確認一家你欲投入廣告成本的新電子雜誌。在電子雜誌中打
　 廣告是網路中最划算的運作方式。你所付出的廣告成本往往
　 在一兩個顧客登錄消費後就可以回收。

❒ 撰寫及發佈活動相關文章給標的電子雜誌出版社。

每季例行事項

❒ 建立一個完全可以自動運作的網路行銷工具。

❒ 簽訂一份合資或合作計畫。

有許多的網路公司致力於增進線上評估的技術，例如：

Accrue://www.accrue.com

Andromedia:http://www.matchlogic.com

Inter Profile:http://www.ipro.com

Media Metrix://www.mediametrix.com

總結

在e化活動行銷此一相對新興的領域中，技術與應用（更別說是
產業的術語）對於新手而言，令人望而生畏。身為一名行銷人員，
如果你對網路領域並不熟悉，最好的方式就是尋找合格的網路管理
專家為你服務，不然就不要涉入。過時的產品資訊、沒有效率的讀

者回應，以及缺乏後續追蹤都會使買家覺得失望而卻步。電子商務是一把雙刃劍，無論是誰握住這把劍，都必須了解如何使用它。

設計網站時最需注意的要素是網站的架構、瀏覽網頁的簡易度、風格、基本的技術性、一致性和個人化。

選擇活動的網域名稱與關鍵字，目的是讓尋找活動相關資料的人能夠透過眾多的搜索引擎輕鬆找到你的網站。網路行銷的機會擴張迅速，其速度與網路本身的發展一樣快。透過相互連結、橫幅廣告、立式廣告和相互推薦等方式，橫向的合作與交叉促銷已經日益普遍。衡量電子化活動行銷的投入是否成功的關鍵就是追縱系統的使用，包括提供廣告服務的網站、月流量、廣告點閱量及總體流量資料等等這些數據，藉此判斷該網站在你的行銷方案中有無效力。

前線交鋒的故事

一個小型地區性協會，企圖將自己表現得像大型、全國性的社團一般。他們認為，為組織設計一個首頁是一個有效的方法。負責行銷的員工將此一想法向協會執行長報告，而且說明這是未來的行銷趨勢，協會在這方面已經落後，並以「沒有網站就沒有社會尊重」做為他們的論點。協會執行長同意此一說法，並要求行銷人員搜尋資料並回報。但是執行長並不知道這位行銷人員有個朋友開了一家小型的網站設計與維護公司，這個想法就是源自於這個朋友，顯然，他非常地想爭取到這個網站設計的生意。於是他提出了一個很低的價錢及很高的承諾，而且他的設計概念非常有遠見。於是，執行長批准了這個計畫。

很快地，該協會在網路上擁有一個屬於自己的首頁，並且事先舉辦盛大的促銷活動，宣稱該網站方便、新奇又有趣，所有的人都可以在此網站上與協會保持日常聯繫，

享有最新的資訊，無須再等待信件或仰賴電話。「新奇有趣」與「即時」成了推廣此網站的主要訴求。

一開始，對於以協會為傲的會員來說，這個網站的確是「新奇有趣」又「即時」。但是隨著時間的流逝，網站的內容老是一樣，設計沒有變化，也沒有任何新增的功能，最新消息從昨日消息變成了去年夏季的舊聞。這個網站不再令人雀躍，而且一點都不即時。今年的年會報導其實是去年的舊聞，再次貼上網來公佈的。高階主管的異動資料也沒有更新。許多網站上的訊息與內容都跟網站剛成立時一樣，一切如故！

小型網站公司的設計師可以設計出一個網站，卻無法維護或更新網站。因為協會的人員編制中沒有網路專業人員，這個網站只好擱置，這個情況讓協會感到尷尬。這個窘境持續了兩年，協會針對痛處，花了更多的預算請了一家具專業與品質的網站設計公司，設計了一個動態、即時，可以追蹤記錄，還可以進行互動的網站。

你學到了什麼呢？

一分錢一分貨！不要將你個人的專業信譽交給一個只是賺小錢又沒經驗的朋友手中。並記取前人的告誡：「與其為了翻倒的牛奶哭泣，不如去擠下一頭牛吧！」

問題討論

1. 針對你所選擇的活動設計出一套電子化活動行銷策略。
2. 為了利用電子郵件傳送功能來做行銷，撰寫一封有效的電子郵件訊息。
3. 設計你的活動網站（頁），並選擇一個具震撼力的網域名稱。

第4章
為活動行銷專案籌措財源

笨蛋！就是指預算啦！

當你讀完本章，你將能夠：

◆ 擬定活動行銷的預算。

◆ 確認預算的資金來源。

◆ 找出可能的贊助者。

◆ 計算出活動行銷的報酬率。

擬定預算目標

　　一般來說，預算就是你的現金流量計畫。就是欲達成任務與目標所需要的財務規劃。不要讓預算成為一個負擔。預算不是恆定不變的，它應該是最後的底線。常言道：不要為了掩蓋過高的支出或彌補短少的利潤而試圖在預算上動手腳。預算是靈活的，但也只有在仔細分析整個計畫後才能做調整。

　　為了針對行銷活動進行分析及擬定預算，有一些基本原則是必須在一開始就牢記的。首先，最重要的是，進行每一件事都要有個價格，雖然這個前提聽起來很容易，但常常疏忽了一個非常小的財務細節，就會對你的行銷活動產生非常大的影響。例如，如果忽略了500份寄發邀請函的郵資，將會立即損及淨利率。價格不一定是金錢上的支出，它也可能是一項捐獻物或是以物易物／實物交易。無論交易的型式為何，價格都會影響活動在收入及支出上的預算。

另外二項需要牢記的重要基本觀念是：價格與成本。在擬定預算時，一定要記得價格就是一項商品及服務的價值；而成本就是現在為了獲取產品及服務而在往後必須所必須犧牲掉的東西。舉例來說，一個機構為某一個活動刊登一次平面廣告要花費5,000美元（價格），那麼未來要在電台做廣告時所短缺的資金就是所謂的成本。

當擬定活動行銷的預算時，需要考量以下幾項主要的財務類別：

❑ 廣告
❑ 印刷品
❑ 郵資
❑ 公關費
❑ 附屬的機會
❑ 宣傳印刷品

如**圖4-1**所示，每一個類別都是由許多要素構成。在預算的次類別中會有重複之處，而且若干類別也包含了相關的郵資和其他的開支。為了便於確認這些花費，每個類別都應該有獨立的帳號。**圖4-2**即依照類別及型態進行劃分。

最後，擬訂預算方案時，還有三個最常被忽略的地方：

1.緊急預備方案
2.間接成本（經常費用）
3.利潤

究竟在緊急預備方案之外需要多少經常費用的預算，有許多不同的觀點，一般而言都是控制在總預算的10%-20%之間。你可能會問「如果我已經做了市場研究，也審慎籌劃行銷策略，為什麼還需要緊急預備方案？」答案很簡單，除非你有預知未來的超能力，否

廣告	創意／設計
	製作
	印刷品
	電視
	廣播
	網路
印刷品	創意
	圖文設計
	機具成本
	派送
	印刷成本
郵資	印刷品
	普通函件
	大宗
	包裹
	快捷
諮詢費用	行銷顧問
公共關係	創意
	撰稿
	複印
	新聞稿
	電子媒體
輔助機會	宣傳攤位
宣傳印刷品	布條及海報
	贈品（T恤、馬克杯等）

圖4-1　一個廣泛的行銷預算會包括所有可能發生支出的類別。本圖說明許多支出項目不會只出現在單一類別中，例如郵資、派送及創意設計（美編及繪圖）成本。

主要帳戶類別	次類別	帳戶編號
廣告100	創意／設計	100-101
	製作	100-102
	印刷	100-103
	電視	100-104
	廣播	100-105
	網路	100-106
印刷品 200	創意	200-201
	圖文設計	200-202
	印刷成本	200-203
	機具成本	200-204
	派送	200-205
郵費300	印刷品	300-301
	普通函件	300-302
	大宗	300-303
	包裹	300-304
	快捷	300-305
諮詢費用400	行銷顧問	400-401
公共關係500	創意	500-501
	撰稿	500-502
	複印	500-503
	新聞稿	500-504
	電子媒體	500-505
輔助機會600	宣傳攤位	600-601
宣傳印刷品700	布條及海報	700-701
	贈品（T恤、馬克杯等）	700-702

圖4-2 使用帳戶編號可以讓行銷人員了解分配在每一項支出的確實金額。後續活動也應該使用相同的帳戶編號，以利未來進行比較分析與財務評估。

則你如何預期在活動開始前的十至十八個月內會臨時出現什麼意外事件！

由安永會計師事務所（Ernst and Young）出版的《特殊專案管理完全指南》（*The Complete Guide to Special Event Management*）一書中明白指出行銷在預算支出中是最為昂貴的項目。因此，你必須仔細研究每一個預算項目，這樣才不會對活動總預算的底線產生不良的影響。在擬訂預算的過程中，你也必須重新評估活動的行銷策略以保證整個計畫在財務上的可行性。此刻，你必須評估活動行銷的報酬率（ROEM）。**圖4-3**是計算ROEM的公式：

預估淨利／總行銷預算（行銷資產）＝ROEM

圖4-3 評估活動行銷方面的報酬率相當重要，目的是要確保行銷活動不會對活動的獲利狀況造成負面的影響。

舉例來說，如果某活動的淨利預估是40,000美元，行銷資產為280,000美元，那麼ROEM就是14%（40,000/280,000=0.14）。就行銷的角度來看，ROEM並沒有一個特定的理想值（或魔術數字）。每個活動都必須加以分析，才能決定行銷支出與活動收益的比例是否值得繼續花費資源進行下去。在考量ROEM時，ROEM百分比愈高，活動的資金運用就愈靈活（參見**圖4-4**）。

ROEM＝財務可行性		單位：美元
預估淨利	行銷總預算（行銷資產）	ROEM
$19,250.00	$275,000.00	7%
$41,250.00	$275,000.00	15%
$55,000.00	$275,000.00	20%

圖4-4　組織的財務理念及活動的總體目標將決定活動所預期的ROEM。對大多數的行銷人員來說，依照經驗法則，ROEM的最適值大約為15%。

確認資金來源

現在你已經明確地了解進行一個行銷專案需要多少的預算支出，接著你必須透過收益來負擔這些支出。主要的收入來源有三：

☐ 內部
☐ 外部
☐ 客戶

內部來源

現金預備金（例如種子基金）

折扣（公司團體大宗採購可獲得比較優惠的商品及服務價格）

外部來源

「策略促銷商品」──商店用來當做廣告的特價商品。

門票銷售

商品銷售

授權

貸款——必須是貸方眼中具有信用度的行業

特許權、專賣

捐贈

賣主

贊助

宣傳廣告的夥伴

後端收入——例如出售消費者名單等

顧客

活動的舉辦須足以支付所有的開銷，而其可能會利用外部資源來平衡投資，有時這種募資方式被稱爲「期盼資金進駐」（HIC, hope it comes）。

通常你會在活動預算的「收入」一欄中看到這些資金來源。一般來說，一家公司要爲活動（內部或顧客）負擔財務責任，然後透過運用外部資源來平衡開銷，例如「策略促銷商品」即爲一例。「策略促銷商品」基本上是冒著減少某方面收入的風險，例如：提供贈品或優惠的登記費以提升買氣，藉此刺激參展廠商的需求、促進攤位的銷售，以獲得更高的淨收入。

現有的以及長期的專案活動皆會編列現金預備金，有了這個預算項目才得以讓活動年復一年地運作下去。剛起步的活動必須借助來自客戶端或是公司內部的種子基金，而且可以預期這些資金能夠從外部資金的第一次收益中償付。

尋找贊助商資助你的活動

　　根據位於伊利諾州芝加哥市的國際活動工作小組（IEG,
International Events Group）表示：贊助是成長最快的行銷方式。據
估計，在2001年，全球的事業體將付出超過246億美元來贊助各種活
動，幾乎是1998年的四倍（參考圖4-5）。贊助已經繼廣告、宣傳及
公關之後，成為第四大行銷方法。儘管體育活動仍位居活動贊助的
要項，然而其他類別，諸如：藝術、公益、節慶及娛樂遊程等領域的
贊助亦呈現穩定成長。圖4-5列出1998年各領域獲贊助金額的情況。

　　在你找尋適合你的活動與行銷策略的潛在贊助商之前，必須先
了解贊助有別於捐贈或慈善事業。儘管在你的預算收入來源中，可
能同時包含了「贊助」與「捐贈」兩項，然實際上兩者是截然不同

活動類型	獲贊助金額（億美元）	佔所有贊助金額%
藝術	4.13	6%
公益活動	5.44	8%
節慶／展覽會／ 　年度活動	5.78	9%
娛樂遊程	6.75	10%
體育活動	45.500	67%
總計	68.00	

資料來源：IEG, Inc.

圖4-5　儘管體育活動在吸引贊助方面一直處於領先地位，然而其他類型活
　　　動的贊助金額也呈現不斷增長。此結果顯示：贊助做為有效行銷的
　　　概念正在逐漸增強。

的：「捐贈」是基於一種利他的精神贈與他人；「贊助」則是期望從投資中尋求回報（ROI）。有必要將兩者區分開來，以便定義出真正的潛在贊助商。另一個在定義潛在贊助商的過程中需加以區別的要項，則為活動／事業的類型，當你開始要從贊助商名單中做篩選時這點特別重要，這樣才能選出公司政策與所欲爭取贊助活動相符合者。在喬治華盛頓大學活動管理認證課程中，「活動贊助」課的發起人史蒂夫·朱樂（Steve Jeweler）與茱利亞·盧瑟福·史利佛斯（Julia Rutherford Slivers）指出，以下活動屬於會尋求贊助商的類型：

❏ 特殊意義的、市民的以及年度的活動
❏ 節慶與文化活動
❏ 體育活動
❏ 會議、研討會及教育性活動
❏ 休閒活動、觀光旅遊及名勝古蹟
❏ 商業性的交叉促銷
❏ 商展及博覽會
❏ 公益活動

了解了上述類型之後，即可開始界定不同類型的贊助商：

❏ **主要贊助商**：認養整個活動的主要部分。
❏ **協同贊助商**：認養活動的特定部分，例如酒吧或食物飲料等。
❏ **排序**：根據贊助金額的多寡，決定贊助商之產品／服務／領導人的曝光率。
❏ **以貨代款**：此類型常被忽略。此類贊助商提供其商品或服務，相對於這些商品或服務的零售成本而言，他們無須多支付任何成本。

一旦決定好贊助商的類型——更多時候是多種贊助商的組合，你就可以開始著手調查哪些公司對贊助活動有興趣且又能與你的目標群眾及活動類型屬性相符。當你開始思考潛在贊助商的問題時，別忘了贊助商是無所不在的——不須僅鎖定大型跨國公司，街角的小商店也可以考慮進去，千萬別認為它們規模太小，就將其剔除於名單之外。由於活動規模與範圍的不同，有時接受數家較小規模公司的贊助，反倒比僅接受一、二家大公司的贊助更具成本效益。你必須謹記，尋求贊助時，在預算規劃上的首要準則是：凡事皆是有價的，包括贊助行為本身。如前所述，贊助有別於捐贈，「贊助」是一種商業交易行為：你願意去推廣贊助商的商品和／或服務，因為你的活動對他們而言很有價值。這種服務上的協議，不僅會影響你的活動預算支出，它也與成本相關。當尋找潛在贊助商時，首要考量的便是預算問題，亦即：這種服務協議的收支比，是否值得努力去招攬贊助商？

協助公司團體開發贊助商的下一步是要問：「誰是你的朋友？」以及「他們所關注的利益為何？」與潛在贊助商建立關係的最佳途徑是：有認識的人本來就與潛在贊助商熟識。有時候公司甚

誰是你的朋友？

幾年前，有個客戶想要為一個剛發起的慈善體育活動尋找贊助商，以便為非營利機構籌募資金。在最初的會議上，這個客戶為了這個新創活動的資金籌募問題而大傷腦筋。在思考「誰是可以贊助你的朋友？」時，結果該客戶發現他們的鄰居——一家軟體公司的CEO非常贊同這個非營利機構所從事的活動，他不但樂於應邀成為贊助商，還為此專案背書，大力推薦給那些與他有業務往來的其他公司。

至可能不知道，與潛在贊助商早已熟識，且雙方有良好業務關係及
私交。

　　剛開始尋找潛在贊助商時，你最好利用自己部門的資料和公司
內的資料，做一個內部和外部調查來尋找所有願意投資的人（那些
對於這項事業有成功把握的人）。在幫非營利機構尋找贊助時，通
常都是透過機構內某些人的人脈來牽線。這對於得到第一份贊助十
分有幫助。然而，大多數活動往往需要一個以上的贊助商，所以就
必須進一步尋求其他的潛在贊助商。

調查

　　當你在尋求潛在贊助商時，調查的工作可謂再重要不過。若對
潛在贊助商之價值觀、核心理念及其行銷策略等方面缺乏適切的研
究調查，則尋求贊助的工作極可能會失敗。假使你沒有專門職司調
查工作的員工，那麼可以雇用一位人員，即使是兼職的也可以。調
查人員假如能夠知道公司的執行長或總經理的休閒愛好，將有助於
其發展出許多贊助關係。如果你需要親自去執行調查的工作，可以
運用下列媒介去尋找贊助商：

1. 日報
2. 期刊
   - 一般期刊——《人物》（*People*）、《浮華世界》（*Vanity Fair*）、《新聞周刊》（*Newsweek*）
   - 關於產品／服務的專門性刊物——《運動畫刊》（*Sports Illustrated*）、《商業周刊》（*Business Week*）
   - 特定活動之刊物

3. 廣告代理商

4. 網路搜尋引擎

5. 社區公共事務辦公室

　　調查內容應包括評估潛在贊助商是否合適的相關訊息。譬如：如果有的話，他們以前贊助過何種活動？目前有沒有從事任何贊助？調查內容尚須確認該公司的行銷策略為何，包括該公司的目標、方針及其行事風格是否能與活動的目標與方針相符。須再次強調的是，贊助是一種商業行為，而非施捨，它必須有商業動機支持；是以，在調查階段必須確認贊助商沒有存在可能損及主辦單位的任何隱匿事項。最後，你的調查還須確認潛在贊助商的經濟實力，行銷人員應確保贊助商確有足夠的經濟實力來支持其商業活動。按照圖4-6的步驟，可以幫助你尋找到合適的贊助商。

　　現在你可能已經完成了一份符合要件的贊助商候選名單，下一個步驟則是發展與每個贊助商的交涉策略。由於每個潛在贊助商都

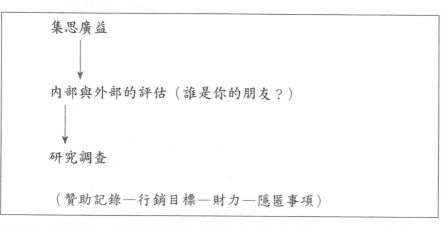

圖4-6　活動行銷人員常常發現最忠實的贊助商就近在咫尺，譬如會員、參展商、批發商及零售商等，他們具備忠誠度，且在財務利益是上更是與主辦單位休戚與共。

有其各自不同的需要與需求，所以在與每個潛在贊助商接觸時，都應該發展出不同的訴求點。在企劃書中應該提出雙方在行銷計畫上將如何做整合，並詳細描述贊助商可能獲得的投資報酬，同時應列出其加入贊助的誘因與好處。

計算贊助的投資報酬

贊助商想要和期待的是他們所投資在你的活動中的金錢有多少可計量的報酬。身為一個活動的策劃者，你同樣需要這些資訊，讓你在未來能吸引更多的贊助商。

國際活動工作小組（IEG）的《贊助完全指南》（*Complete Guide to Sponsorship*）中指出，有三種為贊助商評估投資報酬（ROI）的概要方法：

- ❏ 評估人們對於贊助商的產品或服務的認知度及態度轉變的程度。
- ❏ 評估贊助商的產品或服務在銷售上的成長。
- ❏ 比較贊助商的媒體效力與為達相同目的做廣告所需花費的價格／成本。

使用上述前二種方法時，贊助商必須遵循某些前提。為了衡量認知程度及態度的轉變，贊助商必須知道在贊助活動之前，消費者對其公司及其產品或服務所擁有的認知程度和態度為何。此外，為了不影響評估結果，贊助商還必須在贊助活動推出時依然維持商品或服務既有的行銷方式。最後，贊助商還必須決定選取衡量的標準為何，例如：銷售的成長、品牌認知度的提高、消費者態度的轉變，同時記得一次只能追蹤一項指標。

衡量品牌認知度或態度的轉變，通常是運用普查或焦點團體法。贊助商必須了解在贊助活動實施前的品牌認知度，以便和活動進行中及活動之後的認知度做比較。這種測量方法，通常適用於有長期從事贊助活動的贊助商，而且調查往往橫跨數個活動週期。而贊助商應該先設定好欲透過贊助活動而提高的品牌知名度或態度改變程度的幅度是多少。

贊助商用來衡量銷售情況的方式有許多種，商品或服務的銷售數字成長只是最顯而易見的方式之一。例如，贊助商可能還想追蹤：銷售管道的增加、在賣場中爭取到較好的展示位置、在利基市場或流行市場中引領風潮，或者現有消費者的購買量增加。根據國際活動工作小組指出，贊助商可用來衡量銷售增長的方法如下：

□ 比較贊助活動推出後的特定時間點之銷售量，與去年同一時間的差異。
□ 比較贊助活動所在地區之銷售量，與全國其他類似市場的平均銷售值之差異。
□ 分析刺激購買之促銷方法（如：折扣券或折價券所促成的購買量）。
□ 追蹤經銷商在贊助活動前後數量增加的情形。

最後，贊助商還可以評估贊助活動所帶來的媒體效力範圍。透過追蹤贊助活動在廣播或電視的曝光率以及在平面媒體的版面，贊助商即可評估所付出的代價與所獲得的曝光率之間是否等值。贊助商也可能會關注媒體曝光的類型，例如：是全國性的新聞還是地方性的六點時段新聞、是全國性的報紙還是地方發行的週報等。

吸引贊助商的誘因

　　除了投資報酬之外，活動贊助商還期待能有其他的誘因，例如透過贊助活動增加其曝光度且有助於其整體行銷策略。一些有效的激勵因素包括：

- ❑ 媒體優惠
- ❑ 交叉促銷
- ❑ 招待活動
- ❑ 樣品包
- ❑ 消費者調查

　　媒體優惠是指贊助商可藉由買廣告來宣傳其與該次活動的關係，以及相關的促銷活動。對贊助商來說更具吸引力的是，由主辦單位買斷某一廣告時段，然後再以優惠價賣給贊助商。

　　透過交叉行銷，贊助商可藉此機會共同合作切入利基市場或流行市場。有個例子是：一家體育用品公司和一家運動飲料公司聯合起來促銷：消費者在購買體育用品之後，可拿憑證獲得一張運動飲料的免費招待券（調查說明：這是一個闡述為何市場調查如此重要的極佳案例。行銷人員在進行調查時應特別關注是否有這樣的機會存在於潛在贊助商中）。

　　招待活動對於贊助商來說或許是最大的誘因。招待客戶或員工皆有可能使得贊助商因此而增加市佔率、建立新的夥伴關係、或是對員工及經銷商等表達謝意。這一類的活動相當廣泛，如：私人招待所、雞尾酒會、貴賓席、停車通行證或是提供專人停車等服務。任何能夠令贊助商感到特別以及能使贊助商和其顧客感到愉悅的活動，都是額外的誘因。

　　一家公司可利用活動來分發產品的樣品，不論是針對既有產品或是新產品發售，都是一種能帶來附加價值的誘因。在此過程並可順帶進行消費者調查，使贊助商可直接與消費者接觸溝通，同時還可以藉由現場調查所獲得的資訊來建立顧客資料庫。

　　你能夠為潛在贊助商提供愈多誘因，那麼你能夠爭取到贊助的機會就愈大。就如同所有的商業行為一般，每一方都在尋求最好的條件。透過提供誘因，贊助商便可因此而獲得附加價值。

非財務性的資源

　　活動贊助中經常被忽略的一部分即為非財務性的贊助商，或以貨代款的贊助商。這種贊助類型對於新型或小型企業格外具有吸引力，這樣可以使他們有機會打進原本無法進入的市場。新型企業可能沒有足夠的資金進行贊助，但卻可提供其產品；同樣的，小型企業也囿於現金流量的限制而無法提供財務上的贊助。這種非財務的贊助類型，特別適用於與公益事業相關的非營利組織。

雙贏

　　在去年，有二個非營利組織的客戶無須支付該組織在年度募款餐會上的場地佈置費。他們跟一名花匠和一名室內設計師配合，他們倆雖然支持該項贊助活動，但卻無法負擔贊助活動的金額。然而透過以貨代款（又稱以物易物）的贊助方式，他們轉而以自己的產品或服務來提供贊助。在這二個案例中，這二個商家都以極小的代價而提升了他們的市佔率；同時主辦單位也節省了數千美元的場地佈置開銷。

總結

　　預算就是為了達成活動目標與方針所規劃的資金計畫。透過對價格與成本的仔細分析，你可以擬定出對整個行銷計畫來說至關重要的指標。透過這種分析方法，可以使你注意到有關收入和支出的所有細節並確保其正確性。

　　一旦確定了預算支出的項目，就必須從內部、外部及客戶等三方面來爭取預算來源。在這個階段，為了確保活動在財務上的可行性，必須檢視活動行銷的報酬為何。對於外部資源的需求將帶動贊助計畫的發展。由於贊助不同於捐贈，因此你必須針對贊助活動撰寫一份企畫書，這份企畫書應包括：定義出潛在贊助者、並找出與你行銷目標吻合的贊助商。接著你必須向潛在贊助商說明他們的投資所能獲得的益處，並以額外的誘因鼓勵他們加入贊助的行列。

前線交鋒的故事

　　最近我有一個客戶，屬於醫療保健領域的非營利組織，決定透過募集贊助來提高其年度拍賣量。在他們的年度委員會議中，我的團隊協助委員會的成員們如何按部就班地去尋找和爭取贊助。最初他們對贊助的想法抱持懷疑的態度，因為覺得自己的規模太小，且又缺乏可以吸引潛在贊助商的誘因。其實，每個組織都有其獨特之處。在我們逐步帶領委員會成員尋求贊助的過程中，他們漸漸發現即便不是一個大型的公益組織或是大型活動，也能夠吸引到贊助商。事實上，這個非營利組織在拍賣會活動之前舉辦了一個展覽會，沒想到這正是尋找潛在贊助商的正確行銷方法。一旦他們了解到「誰是他們的朋友」，再去延伸

發展出其他贊助商就會變得容易多了！我的調查組員——
一位大學圖書館員，發現所開發的新資源，不但有潛在贊
助商，還有展覽會的潛在參展廠商。雖然所獲得的贊助金
額不似奧運會那麼大，但是這額外的收入卻足以讓該協會
在今年多提供三項獎學金了。

問題討論

　　為一個即將舉辦於二級濱水湖城市的爵士音樂會規劃行銷預
算。該預算應包含行銷計畫相關的所有支出，同時須說明這些支出
對於整體活動成功的重要性為何。此外，預算還須從收入的方面來
考量，包括如何從內部、外部及客戶端爭取到資源。討論尋找潛在
贊助商的程序以及你所能運用的方法。最後，計算出活動行銷的投
資報酬（ROEM）為何，並說明這項贊助活動在經濟層面上可行或
不可行的原因。

第5章
協會之集會、專業討論會、活動及展覽的行銷

他們會購買……在你告訴他們原因後！

當你讀完這一章，你將能夠：

◆ 了解協會之結構、領導階層及運作模式的特質。

◆ 領略協會活動行銷所面對的特殊挑戰。

◆ 判別有效之清單管理的技巧。

◆ 比較宣傳方式與它們對特定目標群眾的效果。

◆ 列出推廣小冊子在設計與製作上該做與不該做的事。

◆ 認清內部與外部公共關係之間的不同之處。

◆ 為刺激展覽銷售量與增加出席率訂定獎勵策略。

協會：獨特的企業模式

大型會議與展覽行銷的挑戰與機會

在為行業協會、專業學會及慈善機構行銷其活動時，你的職責就是事先要對這個自願參加之機構的獨特本質有清楚的了解。協會及學會跟企業不同（其特點將於下一章中討論），它們是由義工所推動的。當然，協會人員可能不支薪，但是這個機構是由一個選定或指定的義工領袖來管理，而他對人員活動及效度有最後決定權。

這一點對行銷主管來說為何如此重要呢？因為有效的銷售與行

銷端賴對贊助機構的目標及優先考慮有清楚的界定。唯有如此，你才能將5W中的「為什麼」定義清楚。然而，由於協會是由選定或指定且自願參與的成員所領導，因而他們的任期有限，而隨著領導者的來去，其目標與方針通常也較容易改變。想想全國性及州內的選舉。新總統或州長帶來新的派任人員、新概念及新的優先考量。協會的選舉與參與也相同。實際上，許多被選上的主席驕傲地將自己的任期稱為「我的年代」。他們想要留下標記。

　　身為協會活動的行銷人員，你是否應該關心該機構的政策？了解這個活動並為它做行銷應該就夠了，不是嗎？但是，情況並非如此！

　　這個機構（及其領導者）的目標與方針在發展行銷策略上是最重要的。舉例來說：

- 這個協會現在是否希望發展交叉促銷而與其他機構聯繫？
- 它辦活動的財務目標是否已從「打平」變成「獲利」？
- 一年一度的年會中的重點或特色是否已從友誼、樂趣及歡宴轉變成教育與想法分享？
- 新主席是否希望成為這個活動的基石，而不像前一任的主席一般希望隱身幕後？
- 這個活動是否想要宣布組織結構上的劇烈改變及一個新總部的建造計畫？
- 此協會來年是否要將心力專注於與業界實體建立新聯盟，而這股動力將在年會中發展出來？

　　重點是，行銷策略必須反映選定領袖及支薪人員所偏好的優先順序，而那些協會的優先考慮通常會比企業活動中的優先考慮要更加多變（在企業中的領導權是較穩固的）。因為如此，企業的目的

通常是較易辨識的：那就是取悅股東（利害關係人）以及激勵、獎賞員工。

利害關係人

　　活動的利害關係人就是那些與活動成功有著個人及迫切利益的人。對一個協會來說，利害關係人顯然包括董事會與委員會的成員、協會人員、活動出席者及展覽者。然而，更進一步來看，還有其他依賴一個成功、出席率又高的活動，並靠活動來滿足自己的需求與期望的人。這些人包括供應商（如活動的設施、承辦宴席者、交通運輸公司、展覽設計師與裝潢家、演講者、娛樂人員及保全公司）在內。再進一步檢視，當地商家、主辦城市的觀光景點、工會人員、會議局及商會在一個出席率高的活動中肯定也能獲得好處。

　　但是，成功是怎麼來的呢？它是藉由相關安排與創意行銷的組合而得來的。其中最大的挑戰是什麼？就是了解由選定領袖及支薪人員所認定的活動目標及機構目的。最大的機會是什麼？就是將那些優先考慮以及這個協會的企業文化轉換成有創意的行銷策略，當目標群眾了解到自己「為什麼」買票、參與，這個策略同時也喚醒了協會目標。當買票的人數眾多時，利害關係人就會很開心，而專業的行銷人士就會被要求明年再回來大展身手。

　　在圖5-1中描繪出協會目標群眾的樣本，以及應該在行銷策略上考量的一些溝通訊息。

```
┌─────────────────────────────────────────────────────────┐
│                  行銷溝通策略的模式                        │
│              （該考慮的目標群眾與訊息）                    │
│                                                           │
│        ┌ 利害關係人：政治、支持、企業文化                   │
│        │ 新出席者：調查其期待、引起注意、使其了解協會         │
│        │        目標                                       │
│        │ 相關協會：交叉宣傳、名單分享、互換演講者             │
│   活動 ┤ 贊助者：財務支持的程度、認同、贊助的好處            │
│        │ 展覽者：規定與規則、分配攤位的條件、增加人潮         │
│        │        的計畫                                      │
│        │ 演講者：演講者的資料套件、目標群眾的概況說          │
│        │        明、邀請他／她參加所有活動                   │
│        └ 當選之領導階層：個人偏好、個人認同、協會議題         │
└─────────────────────────────────────────────────────────┘
```

圖5-1　針對特定的協會客戶所精心製作的訊息將加強行銷的溝通。要了解每個目標市場的需求及其原本感興趣的主要領域，對它們進行深入調查是必要的。

協會活動的宣傳方式

在第二章中有出現一個宣傳工具的詳細列表。在協會會議與活動方面，這些進行方式幾乎都會被考慮。但是，因為活動本質及行銷需求、宣傳方式的成本效益、需要接觸的市場範圍，及政治心理特性的偏好，某些方式不會被採納。然而，下列是採取會員制的機構在活動行銷上所使用的典型工具。

直接信函

　　只有在有效管理名單的情況下，這個郵寄方式才會有效且成本低廉。協會平常靠內部人員來做名單管理。名單維護（郵寄名單的更新及核對）可以由內部人員來做，或者也可以交給外面的名單維護承包商來做。

　　名單管理包括調查、分析及追蹤成員、協會會員、選出的領導者、贊助者、展覽者及其他在活動中想繼續做（或成為）利害關係人的對象。這個工作需要持續性的研究：

- ❑ 在做會員資格更新與郵寄其他資料時插入地址變更通知的提醒文字。
- ❑ 在協會期刊中附上地址變更的明信片回函。
- ❑ 查閱業界的出版品，留意人員的變動及其他可能的客戶。
- ❑ 為協會分會及聯盟機構製作會員資格變更的資料表。
- ❑ 郵寄資料給「退會會員」檔案名單上的人，徵求潛在新成員的資料或他／她最新的居所。
- ❑ 打電話到最新一批利害關係人的聯絡處來更新資料。
- ❑ 舉辦機構活動、會議、展覽會與分會活動時，在登記桌旁設置一個資料更新表的便利投遞箱。
- ❑ 與相關工會與協會會員名錄做交叉比對。
- ❑ 在協會的年度會員名錄中放入名字／地址／電話號碼的「更正提示」郵簡。
- ❑ 利用「同時向多方發送的傳真」更新資料。
- ❑ 在協會網站及業界的電子佈告欄上放入「立即回覆」字樣。
- ❑ 檢閱分會會員名錄。
- ❑ 檢閱已收支票的地址。

❐ 檢閱供應商的紀錄、廣告及新聞稿。
❐ 檢閱自己的通訊錄。

這個列表可以無止盡地延伸下去。通常，郵寄名單的更新都是某個人透過與朋友交談而獲得非正式的資訊，得知某個利害關係人改變了身分、頭銜或直接聯繫的電話號碼及電子郵件。在那個時刻將資訊寫下來，並將它傳達給那些負責更新紀錄及維護名單的人。

名單管理也需要在人口統計／地區上做分隔。透過有效的分類，行銷主管可以大幅降低印刷費與郵資浪費在不必要的目標市場上，而將支出的效益發揮到最大。憑藉著名單管理的調查中所蒐集到的資訊，我們可以爲電腦化的名單編碼，以包含（或排除）任何變項，例如：

❐ 經由州別
❐ 經由頭銜
❐ 經由專業學門或職業別
❐ 經由名字
❐ 經由成爲會員的年數
❐ 經由推選的領導階層職位
❐ 經由過去所出席的活動數目以及出席的年份
❐ 經由廣告與贊助支持的排名
❐ 經由出席活動前／後的旅遊及其他附屬活動之情況
❐ 經由出席協會以往的研討會或工作坊之情況
❐ 經由現有會員、退會會員或可能會員之狀況

（當遇上收到行銷部門所發出「請來認識我們」邀請的舊會員對行銷部門嚴厲責罵時，沒有什麼比這更令人感到尷尬的了。）

　　許多行銷人員都會陷入年復一年耕耘同一張舊名單的牢籠之中。創意需要新觀念。還有哪些人可以從這個會議中獲益？嘗試用焦點團體的方式來搜尋前面那個問題的答案。檢視職業手冊及業界名錄。向供應商詢問關於客戶名單的資料，找出那些他們希望會來參加展覽的客戶。

　　審視名單經紀人及直接信函服務所提供的資料，在其中尋找值得額外投資的目標群眾。與相關業界出版品及專業期刊的代表會面，以判定它們的讀者訂戶（在你的領域中）能否變成可能出席者（及可能會員）。詢問是否可以取得訂閱名單及取得成本。

　　要有效地維護名單，定期的名單管理審核是十分重要的。其中應該包括的問題有：「我們上一次正式更新名單是什麼時候？」「我們現在能不能依據自己的名單來立即進行郵寄或電話的邀請？」「確保更新資料能被傳達，並立即加入名單之中的連鎖指令是什麼？」「目前有設置什麼樣的紀錄維護以確保過程徹底（且正確）完成？」

　　這個審核過程不應該是喝咖啡時閒談的一部分，而應該是一個包括所有人員，持續且公正地正式檢視的過程。考慮到郵資、紙張、印刷及勞力成本持續增加的情況，熟練的行銷人員一定要即時且規律地來處理名單管理這件事。

　　在直接信函方面，可以使用的行銷媒介有哪些？難以置信的是，許多協會錯過了許多最明顯的事。舉例來說，直接信函並不只是侷限在「信封裡」的宣傳用推廣小冊子。它也應該包括「信封上」預先印好的活動訊息或標語。在會議舉辦數月前寄給每一個機構的資料中，都應該有一個「吊人胃口的東西」（或活動的提醒），收信人在打開信封拿出商業信函、發票或一個關於立法機關活動的報告之前，就可以看到這個訊息。

如果預先印刷不可行，色彩鮮豔的貼紙也能有效地抓住注意力。在協會信封及紙頭、新聞稿的頭一頁、每月出刊的時事通訊、郵寄出去的會議紀錄及幾乎所有其他為適當目標所做的郵寄資料上，都可以使用貼紙。

電子郵件漸漸成為具主導地位的直接信函工具。然而，使用者需要謹慎，只能將宣傳用的電子郵件寄給那些「選擇加入」名單的人。若將宣傳的電子郵件寄給那些不受邀請或不想收到信的人將會產生不良後果。在業界，這被稱為「垃圾郵件」，而這個詞已經帶有深度的負面意涵。要建立「選擇加入」名單可以在登記時（以發送會議的更新資料）、在確認表格上、活動期間，或者會員資料上詢問電子郵件地址。許多「選擇加入」名單也會為那些不再想接收電子郵件資料的收信人提供「選擇退出」的選項，他們可以藉由點選附加在網頁上的一個超連結來表明意願。

用直接信函創造活動的意象，在讀者的意識中滋養、培育這個訊息，並在你的目標社群中創造交談話題，將這個活動夢想變成現實，此舉沒有所謂訊息過份飽和的情況。

推廣小冊子

普西拉‧理察遜（Priscilla Richardson）是「為成功而寫、說」網站（WriteSpeakforSuccess.com）的主席。這是一個重要的商業溝通公司。她協助協會、企業增進商業寫作、談話及行銷溝通的技巧，其設計之小冊子素以具創意的策略著稱。

她的第一個勸告就是：銷售益處！她告誡行銷人員要謹記，推廣小冊子不該被設計成取悅行銷人員的東西，它是用來吸引出席者的。他們購買時會得到什麼？然後，在課程益處與課程特色兩者之

間做出區隔。舉例來說，課程特色是活動的一個組成部分，它可能是四場團體餐敘、一個主講人，或者是所提供的七個研討會及二段主題研討。另一方面，課程益處是你的課程能為出席者做的事。它實際（或暗示）的出發點是「你」。

行銷主管們必須謹記，活動與宣傳資料都不是針對自己的。它們的目標是針對可能買主。課程益處能為買主解決問題，發揮他們的潛能，安排他們的生活及職務，使他們能更有效地與他人互動；增加他們的獲利，或幫助他們學習在公開場合有效地表達自己。推廣小冊子中所提供的益處應取決於在第一章中所討論的量化與質化需求研究的結果。

另一方面，特色是構成課程的部分，目的是要帶來益處。雖然，在推廣小冊子中描述這些特色是重要的，但將益處當做頭條新聞列在推廣小冊子裡更是關鍵。描述益處的文字應簡短精要，譬如「你的寫作將變得更迅速、更簡潔」、「你能在較少壓力的狀況下獲得較高的利潤」，或者是「你每週將省下數個小時」。

好處會獲得人們的注意，引發行動。然後，用特色填滿空格，並錦上添花。

理察遜博士加了「三件永遠別做的事：每一件事肯定都能扼殺可能出席者的興趣。」

- ☐ 只提特色。不提益處。
- ☐ 提供這個機構或活動的歷史，其中包括姓名與日期。
- ☐ 隱藏登錄的資料。要讀者玩尋找遊戲。或者，將推廣小冊子設計成：如果登錄者將登錄表格剪下來，他 她就會失去之後需要的重要資料。

告訴他們你將對他們說的事……

然後，告訴他們……

然後，告訴他們你曾對他們說的事！

——演說家所尊崇的原則

　　這個演說家的古老原則是確保目標群眾得到訊息的基準。就是這麼簡單。一個講師或晚餐後的演講者的開場白是要告訴聽眾自己講特定主題的原因，以及哪些主要議題值得更進一步地檢視。這就是「吊人胃口的東西」。這個演講會繼續下去，涵蓋那些（及其他的）議題。然後，在結論時，這個演講者會將重點總結起來，或許利用額外的視覺輔助器材，而且在許多個案中，他會徵求目標群眾做反應、提問或評論（另一個質化研究的例子）。

　　直接信函應該依照同樣的原則來設計，以散播你的訊息。以下是一些經典的實作範例。

告訴他們你將對他們說的事……

　　這可能是以「吊人胃口」的郵件方式來呈現（一張明信片或單張），裡面包括五W，並力促讀者「記住這些日期！」郵件裡至少應該包含一些出席的好處（不是特點）。在活動計畫、演講者及主題底定之前，就可以把這個吊人胃口的郵件寄出。寄出時機則端看市場的需求本質、公司與個人日程所需的事前通知時間，以及活動本身的規模而定。承諾便是「還有更多！」許多協會甚至在一年前就在活動課程表的封底略提了一下這個資訊。

然後，告訴他們……

　　即使在最後的課程組成都還沒備齊之前，就可以考慮推出一個初步的推廣小冊子。其用意是在提醒人們，這個大活動正在計畫中，並將在這些日期於此場所舉行。這經常被稱為「初步活動方案」，這項注意啟事提供到目前為止的細節，並暗示隨後將有更多的細節。特定演講者甚至會被列為「已邀請」的對象。此舉仍持續在此活動的好處與特色上營造出興趣與刺激感。

　　底定的課程推廣小冊子將告訴目標群眾全部的來龍去脈，並如演說家的演說原則一般，將重點與好處凸顯出來。它將包括出席者能體驗到的好處，並將這些資訊呈現在封面的顯眼之處。其他該凸顯的細節包括日程表、登記資料、回覆表、住宿表、交通資訊與表格、特別協助或住宿的要求、演講者的個人經歷及其他相關資料。這些都該透過美工來設計，這樣在剪下寄回登記處的表格時，才不會破壞收信者日後需查詢的課程資料。

然後，告訴他們你曾對他們說的事！

　　活動之後，利用追蹤郵件做一些量化或質化研究，並宣傳下一個活動。

　　許多行銷人員會提供回覆的誘因，如優惠活動的報名註冊費用或邀請回覆者參與一個特別領袖的接待會。這個郵件的重點應該放在強調該調查活動的高潮，再加上一些照片及一張高評價的研討會列表。

　　有個相當有效的工具也需包含進去：滿意、熱情的出席者的書面推薦。正如第一章所討論的，這些推薦函可以透過活動期間所執行的質化研究來蒐集，或者擷取自滿意出席者後來的電話或信件，再者，還可以透過個人之間的談話來取得。許多人喜歡看到自己的

名字被印出來，並為同儕與同事所閱讀；不過，在印刷這些追蹤郵件之前，尋求刊載允許是必要的。

推廣小冊子的美編設計

再一次強調：銷售從封面開始。請記住，「推廣小冊子」的範圍可以小至便宜紙張印製的單張印刷品、對摺頁（有四個印刷面），乃至引人注目的多層摺疊，以及印在光面紙上的四色印刷推廣小冊子。如果小冊子不是設計成郵簡的形式，那麼信封上應該包含銷售訊息。這裡必須重申，關鍵的訊息一定要包括行銷的五W：誰（舉辦這個活動）？是什麼（這個活動的名稱）？何處（將舉辦這個活動）？為什麼（人們應該出席）？何時（將舉辦這個活動）？

美編設計的基準

雖說有規則就有例外，但是對於設計活動推廣小冊子的人來說，這些一般基準將有所幫助：

1. 推廣小冊子應該用淺色紙張與深色字體的對比。在有顏色的紙張上印上鏤空（drop-out）字體或反白字體或許很漂亮，但是用這種字體所呈現的任何段落格式都是很難閱讀的。
2. 長篇段落與冗長字句會有礙持續閱讀並失去興趣。請務必使用簡短、強而有力的字句。有標號或數字的簡單列表會比由複雜句子所組成的段落更能抓住目光。
3. 撰寫者不應該自己做最後一次的校閱。如果作者一時沒注意到某些錯誤，他／她很有可能會再度漏掉這些錯誤。在最後階段讓其他人來校閱。作者應該會想知道，讀者是否清楚其訊息內容，並對其文字是否印象深刻。作者應該向校對者保證其並無「作者的驕傲」，並歡迎他們坦率的建言。

4. 應該有效地加入照片來展現豪華的場地,或有名主演講者的面孔。漫無目的使用照片或只是用它們來填補空間,這種作法經常都會妨礙閱讀。最後,在重要部分不應該使用美工圖案。讀者知道,美工圖案是一項不花錢的電腦功能,這會使你的小冊子顯得廉價。

5. 所有的照片、插圖及圖表皆必須取得創作者或製作者的妥善授權才可以使用。

6. 使用的字型種類應以少為上。最好使用設計簡單的字型,字體夠大(文字的字體千萬不要小於10級)以方便年長讀者閱讀。字型種類可以改變(如:標題與本文不同),但小冊子的設計者在一本小冊子裡不該使用三種以上的字型,否則會使小冊子顯得像是有人在電腦上胡搞一般。(那是很有趣,但沒有任何作用!)

7. 明亮、對比色能做出令人難忘、讓人容易辨別的郵件。微妙的組合(如紅色背景加粉紅色的字,或是在深灰色上有淺灰色的字)或許很高雅,但可能無法抓住注意力。

8. 讀者不該被迫去搜尋回覆機制!讓回覆變得容易!登記表格、飯店預約表格,以及飯店的簡介與費率、航空/火車/公車資訊應該被放在顯眼的位置,並且要能不破壞出席者之後想瀏覽的重要連結資料。還有,所有的登記/預約表格上應該包括重要的回覆輔助項目,如電話號碼、電子郵件地址、傳真號碼及快速回覆所需的其他資料。另外,為殘障人士準備特殊的協助要求的資訊是極為重要的。

9. 不需要用文字或照片填滿所有的空間。空白區域不應過度使用,策略性的留白會使人們閱讀起來更容易。

10. 色塊或粗體邊條是用來強調特點或凸顯一段引用主演講者談

話的有效圖示法。此舉在甚至沒有使用插圖的情況下就能為頁面增添「顏色」。

11. 要控制推廣小冊子的設計與印刷成本，與印刷業者仔細交涉是必要的。每次紙張庫存量的增加、每多一個折疊或折邊，就會花費更多的印刷時間、紙張與人力。在考慮「裁切」或在小冊子封面或折疊上做特別裝飾性或訂製的形狀時，眼光敏銳的行銷人員對成本議題就會有所警覺。儘管此舉會讓人印象深刻，但這個製程也是相當昂貴的。

12. 在印刷之前，這個推廣小冊子應該做出一個打樣，讓一組同儕（或焦點團體）針對清晰度、拼字及文法做最後一次的校對。檢視整體的吸引力及效度。在這個階段改正錯誤成本較低廉，這也比到印刷廠時才發現錯誤要來得不令人尷尬與節省成本。

最後，再度重申，活動並不是針對你自己，而是針對你的出席者和他們會得到的好處。在寫作與製作推廣小冊子的整個過程中應該維持的這個理念。它們極可能是行銷策略中的一個重要因素。

廣告

協會在為活動規劃廣告時，有許多媒體選擇可以考量。在這眾多選擇中有一個最接近也最低廉的。那就是協會本身的出版品。下列是一些機構的出版品、店刊及其他廣告工具，這些經常都被忽視，不被視為機會：

❒ 協會雜誌及會訊（這類廣告經常被稱為「自家廣告」，它是事先準備好的，只要有時間與空間就可以安插進去）

❒ 會員資格的宣傳小冊子

- 活動手冊（在封底為即將到來的活動做廣告）
- 為協會的立法資料或其他活動所準備的新聞稿及媒體套件
- 為不相關的活動（如一位演講者的系列活動或一個特殊的募款活動）所做的宣傳小冊子
- 支部與分會的會訊與雜誌
- 信頭與信封（事先印製或貼紙）
- 會員名錄（包括聯盟團體的名錄）
- 協會網站
- 機構活動在進行時的閉路電視
- 來客在總部電話中「等待接聽或轉接」時所聽到的錄音訊息
- 會員接待室的「立牌」

　　換句話說，機靈的行銷主管會觀察每一份平面資料、電子通訊，甚至是表面上沒關連的協會活動，它們或許都是能提供宣傳活動的工具。因為這個媒介是由協會所控制，在大部分情況中，除了發展及印刷一個「常備廣告」的成本之外，插頁是不花錢的。但目標群眾顯然對這個訊息最敏感。這是最容易接觸到的目標群眾區隔。

　　常備廣告經常是預先印在印刷紙上，讓印刷廠可在期刊或通訊中使用。不同的出版品可能有不同的專欄寬度與紙張尺寸，不過，廣告通常是根據「需要」來製作；在發行商需要一個「填充物」，用來縮減白色空間，填補頁面時，廣告通常可能出現。發行商或印刷公司可縮放影像大小來決定廣告的尺寸。然而，廣告（不管付費或免費）的正常刊登版面是四分之一頁、半頁、四分之三頁及全頁。或者，它們可以根據發行商的指示依專欄英吋來設計。

　　不管是付費或免費廣告，按照方針與目標來準備廣告是撰寫者與設計者義不容辭的責任。一個好的廣告會包括下列中的數個（或多個）期望原則，設計用來傳達這些訊息與任務：

1. 創造具有「停駐力量」的標題，用來捕捉讀者的注意力。

2. 採用市場語言，利用人們能快速識別的「話題」及軼事來完成。

3. 設計社論性的內容，傳達這個活動的意象與精神。

4. 瞄準特定的市場區隔，不管他們是家庭、公司主管、打高爾夫球的人、科學家或是學校老師；在訊息中滿足他們的特定需求。

5. 強調課程創新，能使出席者得到新穎、獨特的好處。

6. 強調業界的主要領袖、專業代表或名人都將參與課程。

7. 將電話與傳真號碼、電子郵件帳號及網站網址列出，使讀者易於回覆。

誘因或許也能有效地與廣告共同運用。在平面廣告中附上折價券與提早報名之優惠最後截止期限是很容易的，此舉能推動初期生意，也能更準確地估計出席人數，並確保場地的必要條件及需要的實際空間。

儘管其他的廣告選擇不如平面廣告一般普遍，協會活動行銷人員在仔細看緊預算的同時也應該考慮其他選擇。辨識出購買其他媒體的機會，並將它們併入整體的行銷策略是很重要的。除了平面廣告之外，額外的選擇包括如廣播、電視及有線電視的電子媒體，還有網際網路，再加上戶外廣告（從大型看板到街道上的旗幟）與特製品廣告。這些選擇有許多項在第二章都討論過了。

不管選擇了何種廣告工具，行銷人員都會想為各個媒體擬定各別的預算。電視廣告較可能依照十秒、十五秒及三十秒的區間來收費。廣播電台也會有它們自己的廣告收費區間，一般是從十秒到一分鐘的插播。要估算各種不同媒體方式的預算（及價值），最有效方式就是：

❑ 為每個媒體擬定各別的預算。

❑ 辨識出相同領域的其他活動，並研究他們的媒體預算。

❑ 研究協會活動的歷史，並評估在前一年所使用的媒體投資報酬如何。如果無法取得該歷史資訊，就應該建立一個追蹤各種廣告方式的系統（如，網站的「點閱次數」、來自業界媒體廣告的優惠券、傳真過來的登記表格、郵寄來的登記表格、電話訂購等）。

最後，如果預算足夠的話，可以考慮雇用一個廣告公司來發展一些廣告概念與設計，以及放置廣告的策略。這個公司應該非常熟悉協會的行業或專業，以及會議產業和該宣傳活動種類的目的。雖然應該要先查核廣告公司的對外關係，但一個相當清楚業界情況，且在業界中擁有空間購買影響力（還有具創意的文稿撰寫者及美術設計者）的廣告公司對廣告計畫而言會是一項重要資產。

公共關係

公共關係的目的在告知目標群眾、塑造態度，並鼓勵參與。儘管我們可以說推廣小冊子與廣告具有同樣的功效，但它們有一些顯著的不同。

舉例來說，廣告或直接信函的成果很容易測量，但公共關係的成果是較難量化的。原因為何？廣告是活動機構對自己的說法。公共關係的結果是他人對這個機構及其活動的說法與感覺，其他人的態度可能會比較分散、具假設性。儘管如此，公共關係仍是整體行銷策略中不可或缺的關鍵部分。廣告完全由購買的行銷人員所控制；他／她決定設計、時機、放置地點及訊息內容。至於公共關係，買主則無法控制。

公共關係的活動範圍包括在成功之上建立新的形象及克服失敗。活動或許是用來再次肯定一個活動過去的成功紀錄，以對抗競爭並更進一步向前推進。或者，一個公共關係的努力可以改變一個失敗的活動，在面對過去的逆境時，「整編」它的優點讓目標群眾肯定它。這個努力或許包括了內部及外部公共關係的目標市場。

無論如何，一個成功的公共關係通常會比廣告或推廣小冊子的投資產生更多的好處，因為公共關係的訊息不是來自贊助的機構，而是來自第三者。因為贊助協會在協會的成功上有既得利益，所以來自第三者的正面評論比贊助協會本身的說法更具可信度。

內部公共關係

在一個商業協會或專業社團中，行銷人員首先應該尋求機構本身內部的資源。要到哪裡找呢？找那些利害關係人。董事會、會內人員、委員會、分會領袖、卸任主席、參展者，那些在專案成功中有固有利益的人。這些人至少會對於協助活動的宣傳（最少）感興趣，而最好的情況是，他們會熱切地幫忙。

行銷主管或許可以考慮這些利害關係人可使用的內部公共關係工具：

1. 請焦點團體直言不諱地判斷其他人的態度，並指出代表這個原因的最可靠資源。
2. 活動資料袋、背景文章及媒體套件資料，讓利害關係人對過去歷史與未來計畫不陌生。
3. 要對會員、分會目標群眾及聯盟或相關協會演說的講稿。
4. 協會領袖個人接觸、電話或造訪業界其他「具號召力的人物」來傳播消息。

5. 發送給分會與相關社團的錄影帶，讓他們在分會與領袖會議中觀賞與討論。

6. 針對與此活動相關的讀者群，為協會出版品做廣告。

7. 給業界出版品的新聞稿。

8. 為業界的雜誌及報紙所準備的「廣編稿」。許多這類的出版品喜歡針對一個活動（或成果）做社論式的報導，而事實上這或許是針對活動價值與贊助協會做稍加遮掩的宣傳。這種作法基本的條件是「有可利用的空間」。

外部公共關係（引起人們關注）

外部公共關係研究要超越協會家族，並試圖辨識出那些或許不熟悉但可能支持這個活動的人。當人們了解到這個活動對這個機構及代表社群的意義，他們或許會成為利害關係人。舉例來說，如果這個活動在一個新地點舉行，一定要通知的人包括了選舉出的領袖、媒體、廣播及電視台，警察局與消防隊、交通運輸官員等等。這要如何完成呢？再次重申，以媒體套件、活動資料袋，及其他與這個機構有關的資訊做成完整配備：

1. 聯絡市長辦公室。邀請他／她出席開幕式，歡迎會議代表。提供完整的登記。在會議中提供背景資料及此機構對社會的重大貢獻。

2. 與當地政治人物、社區領袖或其他在當地交遊廣闊的名人會面（或至少提供資料給他們）。在此重申，這個目的在於吸引人們的注意。

3. 與消防和警察人員見面，討論會議及展覽場需遵循的消防規章。提供警察相關交通規劃及人們移動、遊行或街道市集的

許可,以及活動出席者的人口統計等資料。儘管這些人對宣傳會議沒有幫助,但行銷人員可以確定他們每天都將與市長辦公室及其他市府官員聯絡。注意力來自多方創造。

4. 聯絡工會代表。如果工會參與這個會議(擔任參展者、舞台工作人員、垃圾清除、電工及其他行業),那麼拜訪工會的長官可使個人及市民注意到該活動、對這個機構的計畫與需求產生認同。工會長官一向不與活動企畫人員討論需求、合約及費率,因為工會經常被會議籌劃人員視為敵人,所以工會人員會很欣賞這種個人詢問所帶來的注意力與認同感。

5. 要確定公共關係活動中包括主辦城市的會議局。會議局愈了解你的活動本質,他們就愈能在當地資料與公眾參與方面提供協助。許多會議局會提供關於區域觀光重點及出席者可利用的設施與服務的推廣小冊子及其他印刷品。在行銷這個活動時,這些資源都是極佳的附屬資訊。此外,會議局通常在城市政治上具有相當的影響力,這將使協會在當地決策者眼中更有地位,並吸引更多注意。

6. 聯絡當地的商會。商會可以是極佳的資源。針對你的活動(包括購買力及出席者的人口統計資料)舉辦一個有活力的公共關係活動,其中可包括當地商家在櫥窗中展示「歡迎」的招牌,並提供商店與餐廳的折價券,讓協會以此做為額外好處散發給出席者。

舉辦媒體會議

媒體或報界會議是一個散播消息的極佳方式,並能與一些人建

立關係，例如能給你媒體報導、在他們的出版品中插入廣告及廣編稿，以及將你的公共服務宣言安插在廣播節目中的人。決定邀請對象的方式有數種。在活動地點的廣播與平面媒體資訊的調查，應從商會及會議局的會員名單，及詢問當地聯絡人，如成員或支持者這些個人開始。當地的協會領袖的個人介入可以大大地增加媒體與廣播報導的機會。一般而言，廣播與電視電台的分派新聞編輯及報紙的城市編輯是讓活動獲取注意力的第一聯絡人。他們或許會派其他人來報導這個媒體會議，這端看報導主題的性質而定，如商業、運動、流行或娛樂。

規劃媒體會議時，應該遵行以下這些策略：

1. 盡可能地在中心地區舉辦這個會議，利用較接近媒體與廣播電台的位置，這可能是一間飯店、新聞俱樂部或公會堂。

2. 向媒體人詢問舉辦時機。試著安排他們方便的時間。舉例來說，電視台可能較喜歡白天，以便為下午及晚上的新聞準備報導或訪問。對編輯來說，這篇報導等到隔一天可能就已經失去時效性了。報紙可能較喜歡週間，因為他們有在星期五截稿前報導週間重大消息的壓力。重點是，媒體代表可以引導行銷人員，幫助他們考慮日程安排，並提高出席率，但最好避開週末及週一。

3. 準備茶點、咖啡、果汁、簡便的小三明治或可頌麵包，並且一定要將這個資訊包含在邀請函中。

4. 要確定接受邀請的人是受到雇主核可，且獲得適當的認證，並在媒體會議的登記桌上有名牌。

5. 如果會議中有主講人，就應該提供適當的舞台及背景，並且應讓電視的攝影機和攝影師有足夠的照明。演講者的個人簡介應該事先（及當場）發送。其他的考量還有：

- ❏ 指定一個會議主持人來提供活動介紹，巧妙地回答問題，並確定演講在規定的時間開始與結束。
- ❏ 讓攝影機有清晰的視線。
- ❏ 確定演講者有經過簡報及綵排。
- ❏ 在重大的媒體會議中設置電話、傳真線路、影印機、網際網路連結及個別訪問區域。

參展者的行銷技巧

　　許多協會逐漸將參展者視為會議組合（the convention mix）的一部分。展覽建立了一個重要途徑，使供應此機構產品及服務的人與協會的成員買家之間得以溝通。此外，他們透過展覽費用、贊助費用及其他種類的支持，使此機構有了一份關鍵的收入。在許多個案中，展覽銷售所產生的收入會使得其他用來產生整體活動的收入來源相形失色。

　　舉例來說，狄韋恩‧伍德林（DeWayne S. Woodring）是宗教會議管理協會（Religious Conference Management Association）的營運總監與執行長。他表示自己的機構已經有近二十年的時間不曾提高會員的登記費用。他解釋道，協會明快地擴大展覽（及它所產生的收入）的規模與重要性，使其成為重大會議的一份子，確保買家與賣家之間的平衡，呈現給參展者的是一個可行的市場投資，對協會會員則呈現出一個豐富的產品資訊來源。

　　他提出了一個重點。在販售的展覽攤位數目及出席買家之間一定要有一個公正的平衡。對展覽經理及行銷人員來說，孤單的參展者及空蕩蕩的走道是令人氣餒的夢魘。

在行銷展覽空間時，以下這些元素是最重要的：

☐ 這個展覽的歷史與成長及買家出席率。

☐ 來自參展者與買家的推薦，證明這個活動的經濟可行性。

☐ 贊助機構的可信度及目的。

☐ 透過量化與質化研究來「描述」這個協會的買家「基底」。
儘管走道上的人數很重要，但參展者會想知道可能買家的
概況：他們的專業層級、消費權限、對產品的特定興趣與需
求，以及人口統計數據上的特徵。

☐ 在整體的會議計畫中界定參展者的角色。是否歡迎他們參與
研討會、社交活動及主題研討？這些都是獲取額外客戶聯絡
資料的重要機會，及支持此機構的附加價值好處。許多被侷
限於特定參與會議活動的協會參展者對於這個「次等公民」
的情況會出現負面反應。

☐ 準備一個清楚、簡要的「參展者企畫書」，裡頭概述展覽的
規則、管理及其他要求。

企畫書

行銷的基礎就是企畫書。這通常是由管理、行銷與法律顧問的
共同寫成的，企畫書可能是令人眼花撩亂的一本四色小冊子，或者
是簡單裝訂的影印文件，這全看展覽的規模而定。企畫書的要點會
隨著各機構的規則與管理不同而有所差異。無論如何，裡面或許可
以包括以下數個項目，這樣參展者就能了解自己合約中的條款。其
中有：

- 正式的展覽日期、地點及展覽時間
- 所有的日期與時間，包括攤位設立與撤攤的最後截止期限
- 符合資格的要求
- 攤位大小
- 攤位的平面配置圖（有圖式與攤位號碼）
- 攤位費用（包括其涵蓋項目，如攤位陳設）
- 付款選擇，包括訂金與最後付款日期
- 責任、當地契約與限制
- 關於官方承包商的資訊，包括裝潢者、電氣、配管、電話與網際網路纜線安裝、安全、運輸與倉儲
- 攤位空間的申請與接受程序、分配政策
- 保險要求與「免責」條款
- 能夠參加面對面攤位的參展者數目
- 登記程序與認證
- 贊助協會的強制與認可優先權

儘管這聽起來比較像是一份法律文件，而非一個行銷工具，但它是一個展覽銷售活動的堅實基礎。透過具創意的設計與清楚的細節，行銷人員可以在企畫書這個基石上，建立一個專業化呈現活動的形象。潛在參展者對於這個博覽會的問題愈少，打到行銷辦公室來的電話就會愈少，他們也會更快速地選擇自己的攤位！

用來增加銷售的誘因

只要行銷主管能夠發揮想像力，要增加攤位銷售與回饋忠實主顧的策略就能奏效。一些嘗試過且有用的方式一再地被重複使用。

　　參展者尋求曝光機會。買家到攤位地點的視線是相當關鍵的。與位於偏遠角落，夾在走道中段的一個攤位相比，位在入口大廳的攤位會較受歡迎。當然，為了取得較能接觸到人潮的地點，其攤位價格也會高出許多。每個人都看過位於轉角的攤位，人潮自兩個方向聚集過來，然後再看到一些運氣較差的參展者，他們的地點曝光度較低，只能哀嘆著：「沒有人知道我們在這裡！」這是一個常見的挑戰。

　　行銷人員應該對可能參展者強調，最好的位置應該會最先被賣出。平面配置圖的設計師應該與行銷團隊合作，以增加收取高價的機會，並對可能買家宣傳「在競爭者簽下攤位合約之前，需快速地確保最好的攤位地點」。能增加行銷性與價格的平面配置策略有下列這些設計：

1. 「島嶼」攤位：這些是獨立的攤位，旁邊沒有緊鄰的鄰居，買家的視線來自四個方向。這些通常是較大的參展者所想要的，他們會想用高價使自己獲得最高的曝光率。

2. 角落攤位：位於攤位走道的轉角，提供來自兩個方向的視線。

3. 入口大廳攤位：面對大廳的入口處；在買家入場參觀這個展覽時，這些參展者擁有吸引他們的先機。

4. 用餐區域的攤位：許多展覽均提供餐飲服務，使買家在用餐時間不會離開大廳。許多參展者喜歡用餐區域旁邊的攤位，因為餐飲服務區域保證會帶來持續的人潮。

5. 「書店」攤位地點：一個逐漸受到歡迎的展覽會特色是協會的「書店」，或者是大會鼓勵出席者到此觀賞或選購機構與業界出版品的區域。這裡和用餐區域相同，這些特點本身會吸引人群與鄰近感，擁有這樣有利的視線對參展者有好處。

另外，為回饋忠誠的舊有參展者，應該考慮對他們提供空間的租用折扣。「早些租用攤位即可選擇地點」這個措施也是針對之前參展者的一個主要行銷工具，另外還有根據參與的年數、參與程度與贊助支持，讓參展者擁有攤位的優先選擇權。

這個機構最基本的責任就是將人潮吸引到展覽的走道上，以實現參展者的期望，並確保參展者的再次光顧。對展覽管理與成長以及它所帶來的龐大收益來說，行銷是成功的關鍵。必須將適當的注意力與預算投注在提升出席率與參與便利性上。

業界出版品、協會期刊與印刷／電子媒體應該加以徹底運用，以便對出席者／買家宣傳該展覽的重要性。書面的文章、廣告與訪問應該持續地將此展覽宣傳為此會議經驗中重要的一部分。

在許多個案中，展覽的地點必須遠離開會場所，因為空間不夠。在這些例子中，展覽當局應該提供公車服務，方便買家到達展覽地點（要確定參展者也能使用這個公車服務，他們必須比自己的目標群眾提早到達會場，且待得更久）。沒有這樣的服務，買家很容易就會在餐館暫留，或在一個酒吧裡遊蕩，而不會走路或等計程車去展覽會場。為使展覽走道充滿人潮，運輸交通是一個小投資（尤其是在天氣惡劣的時候）。

其他增加會場人潮的方法可能包括：

❏ 門票抽獎。

❏ 抽獎（要求出席者必須將抽獎票根或名片投在展覽的攤位上，以便獲取贏得大獎的資格）。此舉將參展者納進慶祝活動中，將出席者推向攤位，並逐漸地增加「帶頭」參展者的數目。

❏ 安排不與其他會議活動（如研討會、領袖會議與餐會）相衝

突的展覽時間。精心安排展覽的時間可反映出協會對這個展覽的重視。

❑ 邀請名人「參觀」或者出現在展場。

❑ 邀請參展者在攤位上送出獎品、試用品,甚至特別的點心來吸引買家造訪。

❑ 提供一個攝影師為出席者拍下可帶回家紀念的相片。

❑ 在入口大廳提供現場音樂演奏與娛樂以吸引人群,並營造刺激感。

行銷人員必須敏銳觀察賣出攤位的數量與出席人數之間的平衡。想要銷售過多攤位的野心很快就不敵空蕩蕩的走道,因為參展者不會再回來。同樣重要的是,參展者太少會使大群的買家失望。那平衡的方程式對向上成長與長期成功有相當關鍵的影響。行銷真正的成功,就是當經驗豐富的參展者再次申請他們的攤位時,只能填寫候補名單,他們都希望加入並參與這有利可圖的行動。

行銷其他的會議活動

出席一個會議的理由有很多,且各不相同,端看受邀個人的優先順序、興趣與品味。行銷方式一定要反映會員、其家人及賓客的興趣。協會成員的出席理由經常是因為教育活動方案、研討會與專業討論會(不管這真實與否)而來。與派對和旅遊相比,用繼續教育來說服老闆排出工作時間並花錢來參加活動是比較容易的。另一方面,伴侶較可能受社交集會、娛樂和會見老朋友的機會所吸引。推選產生的協會領袖經常尋求他人的認可與政治機會。孩子們會受青少年課程與可以交新朋友的機會所吸引。誘因經常都是交互相關

且多變的。透過之前所描述的各種工具，行銷人員應該提出活動方案的每個可識別資產，並透過行銷研究與區隔強調具有決定性的特定好處：

- ❏ **分析**：找出需求並滿足它。
- ❏ **溝通**：提供資訊並聆聽反應。
- ❏ **區分**：你所提供的事物能有別於同質商品，並使它脫穎而出。
- ❏ **目標選擇**：辨識出最有可能購買之市場。
- ❏ **評估**：使成本與知覺價值相符。
- ❏ **工具**：選出最有效的宣傳管道。

在行銷有關教育活動方案的益處時，你應該強調演講者的資歷，特別是他們的個人經歷、學術與專業的證書和職位以及內容概要。訊息中必須呈現出「這是你將學到的東西」的好處。模糊的描述與枯燥乏味的講習名稱無法引起充分的回應。加把勁！讓它既有創意又引人注目！一個研討會可以是一個「改變職業生涯的機會」。一場座談會可以是「熱烈交換想法與概念」的場所。主題研討可以是「協會成員聚在一起展望未來的地方」。而一個領袖、董事會或委員會議可以是「我們將協會導向新的千禧年之所在」。

這或許需要針對個別市場區隔使用個別的行銷工具。時間—成本與投資報酬率相比的問題需要針對每個區塊的出席狀況做研究與測量。已編碼的信、推廣小冊子、折價券與其他回覆／登記表格可分出回覆者的類別，並就使用過的各種行銷方式的有效與否提供豐富的資訊。

在最後的分析中，行銷投資應該被設計成是有「腳」的（可移動的），換句話說，不管參與者代表了市場中的哪個區間，這個投資都能合理地提供參與者一個難忘的體驗。如果符合了他們的期

望，那麼他們就會珍視自己的投資而再度投資，這讓人想起一句古老的銷售格言：「重複交易是最容易的銷售」。

總結

對活動行銷人員來說，協會代表了獨特的挑戰，這主要是因為典型的（經常是相衝突的）領導階層董事會與委員會、利害關係人的自願性質，以及必須要說服出席者的這個市場，使他們相信在這個活動中花費時間與金錢的價值。因此，市場區隔與研究是非常重要的。由於會員本身容易變動的本質，所以必須持續維護名單。因為過時的目標資訊，使得每年浪費在印刷、郵資與電子通訊上的金額有數百萬元。

除了現有的名單外，行銷主管必須機警地尋求新目標群眾。焦點團體與其他的研究有助於判斷能從活動中獲益的相關市場（或許甚至可以邀請他們成為機構的永久成員）。供應商與參展者經常是提供可能出席者名單，以及做為活動交叉促銷的重要資源。不管目標為何，訊息必須強調活動的益處。從廣告、推廣小冊子到公共關係，這個訊息必須一致、明確、易於了解且引人注目。

前線交鋒的故事

一個老練的商場主管所組成的協會調查了出席者對會議課程的需求，他們從回覆者那裡得知了一件有趣的事。他們與同儕交換意見的時間有限，而且花太多時間被動地坐在研討室聆聽演講者與專題討論小組授課，這點令他們

感到失望。於是，行銷方式做了改變，以反映顧客真正的人口統計數據與態度。換句話說，這些人是業界的龍頭，他們習慣有人傾聽他們的意見，且他們的意見相當受到重視。

　　為了回應這個意見，行銷人員說服籌劃會議的人安排一個兩小時的時段；他們在這段時間內提供「主題桌」或自由形式的討論團體，在一個非正式的環境中辯論指定的業界議題。這些主管們能夠在桌與桌、主題與主題之間移動，他們在每個桌子停留時間的長短可隨己意。會議的工作人員在看到會場景象之後都感到大為驚奇。會場因高階主管之間的對話而活躍起來，而且他們顯然很享受這個機會，抓一把椅子與一杯咖啡，與同儕交遊，表達意見與辯論，並可認識新的商業門路與朋友。

　　活動後的研究獲得非常正面的反應，所以他們在會議時程中設計了整整六小時的「主題桌」教育活動方案。後續活動證明，這個非正式、低廉且能實現個人抱負的教育形式已成為出席者一再出席的主要原因。

問題討論

1. 你被要求在一個從沒有舉辦過貴單位活動的社區裡發展一個外部的行銷活動。在那個社區裡，你會尋求哪些當地資源來執行你的活動，並且你會嘗試哪些行銷方式？

2. 你被授予一個安排內部名單管理的責任。你會使用哪些工具與策略確保你的名單是最新且正確的，另外藉由可能的新成員和出席者的資料，你可以用哪些資源要來拓展名單？

第6章
公司機構之會議、產品、服務及活動的行銷

我們在此所擁有的是難以超越的機會。

——*Yogi Berra*

當你讀完這一章，你將能夠：

◆ 將公司機構訊息與使命轉化成銷售與行銷。

◆ 行銷獎勵方案的精神與目的。

◆ 了解內／外部溝通與市場之間的細微差異。

◆ 與媒體建立有意義且持久的關係。

◆ 重視公共關係在公司機構活動行銷中所扮演的角色。

◆ 了解公益行銷在公司機構整體形象建立上日趨重要。

　　許多從事活動行銷的人發現，他們同時要為協會與公司機構做行銷。通常，獨立的活動與製作公司是將他們的行銷專業提供給客戶；而非營利組織的行銷人員為了宣傳他們的活動將其轉化成營利性公司的情況也非常普遍，反之亦然（從公司轉成非營利組織）。因此，身為一位行銷人員，應當要能理解非營利的協會與社團（如第五章我討論的）與營利性公司機構二者之間，在「文化」上與型態上的顯著差異。從行銷的角度來看，兩者的差別或許微小，但卻十分重要。了解這兩種組織異同，將有助於擴展你的行銷技能以吸引更多的潛在客戶。

　　非營利組織與一般公司的活動行銷在許多方面是相似的；但是兩者所著眼的目標市場在許多方面卻又相當不同。這些差異對於從事協會與公司機構活動行銷的專業人員來說是很重要的基本準則：

公司機構活動與協會組織活動之間的差異

公司機構	協會組織
多數活動爲任意性	多數活動爲強制性
決策制定是集中的	決策制定是分散的
預算是固定的	預算是變動的
出席爲強制性	出席爲自願性
會議活動之參與屬強制性	會議活動之參與屬自願性
參與目的一致	參與目的各異
飯店「預定」的提前作業 　時間較短	飯店「預定」的提前作業 　時間較長
通常無地域上的限制	通常有地域上的限制

區別差異

　　多數的公司機構會議及活動是屬於自主安排決定的，亦即，取決於管理階層的決策。例如：假使員工沒有達到預定目標或是公司機構的整體績效低於預期，則獎勵性的旅遊或活動就取消不辦。如果管理階層認爲沒有半個人值得獎勵，那麼既有的獎勵方案就不會執行。產品發表會的舉辦與否，取決於產品的創新程度是否足以在推出時能令員工與消費者感到驚艷。至於是否要舉辦、甚至取消一個既定活動，管理階層在大多數的公司機構會議中都可以自由決定權。唯一的例外是受公司法所規定每年一度應舉行的股東大會。

　　另一方面，如果你是替協會的會議做行銷，你會發現協會的計畫更具強制性與可預測性。協會的章程通常會規定每年召開1次會員

大會，或許2-3次董事會或高層會議，以及1次的年中高層會議等。藉由委員會的召開，會員們可以彼此會晤。這些會議活動通常在每年的同一時間舉行，參加者是誰也都大同小異。由於這些活動都是基於組織宗旨的規定，因此也就鮮少被取消。

　　公司機構與協會活動對於經濟情況的敏感度也有所不同。例如，在1980年代美國的經濟蕭條時期，公司機構的活動相對隨之減少。公司利潤下滑、產品的研發受限、達成銷售目標的獎勵也隨之被刪減。公司機構會議的行銷活動，在經濟繁榮時期發展蓬勃，而在經濟蕭條時期則呈現萎縮。2001年的911恐怖攻擊事件導致美國經濟低迷，也連帶對於會議行銷產業帶來負面衝擊，就是一個典型的例子。

　　相對來說，協會活動反倒是在經濟不景氣的時候，呈現數量與規模上的增長。原因為何呢？請記住，公司屬於「營利」事業體，利潤代表一切；而協會則屬於「非營利」機構，其存在的主要功能乃在於幫助會員解決問題。人們加入協會主要在於尋求事業的發展、增進其專業能力或商業機會、以及學習在經濟與政治危機中求生存。換言之，當公司機構在面臨威脅時，透過協會成員的彼此互動，將可獲得來自協會其他成員的安慰而感到比較舒坦。因此，協會活動在景氣不好時反倒比在景氣好時來得活絡，也就不足為奇了。當景氣好時，協會成員並不感到迫切需要想跟同伴聚在一起並解決問題。然而協會的行銷訊息主要在於強調「你所需要的幫助就在這裡，過來利用它吧」！

　　公司機構與協會之間的另一重要差異，在於決策制定的組織結構。一般公司的決策通常是由行銷部門總經理、副總，或是分部經理所決定；無論如何，決策通常是武斷的、不受委員會的互動所制約，並成為公司活動規劃者及行銷人員執行上的最高指導原則。然

而在協會中，決策制定方式則大不相同，一項活動可能是考量許多委員會的偏好與協商之下的結果，包括執行委員會、董事會、場地選取委員會、教育委員會、接待委員會、展覽委員會、配偶活動委員會……等。記住：多數的自願性質領導者缺乏活動管理與行銷的經驗、甚至可能根本沒有這樣的概念。即便不是第一次才舉辦的活動，協會在整個活動方向上呈現混亂或執行上產生延誤的情況，十分常見。假使你負責行銷該活動，你會發現原本明確的工作卻往往在最後期限將至的時候反而變得難以下手。

　　公司機構與協會所辦的活動在預算考量上亦極不相同。一般來說，公司機構會根據其整體計畫以及預期活動可能帶來的效益來制定一個預算計畫。沒有註冊收入是可預期的，因為員工參與該活動乃基於其為工作要求的一部分；支出預算是根據公司整體的財務狀況而定，同時該筆預算是固定的（除非有一些危機事件產生而衝擊到公司，然而，這不僅僅會影響到預算，也會影響到活動本身的有效性）。協會的預算則往往會因不同時間點之收入與支出因素的變化而產生相當大的變動與調整。由於協會的參與是自願性的且較缺乏可預測性，所以協會在制定整體預算時，通常會高度關注來自註冊收入的多寡並隨之調整支出，就看收益是否高過於支出、或者至少必須能收支相抵。為何這一點對於行銷人員來說如此重要呢？因為當註冊收入低於預期時，則必須思考創造其他的註冊收入；除此之外，其他的收入來源也有助於彌補虧損，包括贊助費、展覽費、廣告收入以及與供應商「以貨代款」的協議等。這些工作都必須由行銷人員來主導與協調，以實現協會成員在財務上對董事會所做的承諾。舉例來說，如果舉辦的會議有虧損，那麼協會的工作人員會因為挪用會費或其它基金去填補此次的虧損而遭到嚴厲批判。這是因為原本預計用在其他地方的會費，卻被用來補貼一個並非所有會

員都有參加的活動上，如此將會衍生出政治問題。

　　絕大多數的公司機構與協會舉辦的活動，其參與率也有明顯的對比，這點非常容易理解。例如，當一家公司舉辦新產品銷售說明會時，銷售人員會被要求出席該活動。行銷人員的主要任務在於傳達活動訊息及目的，而不是鼓勵出席，因為後者是公司老闆要做的事。

　　協會會議的出席者，就如同被邀請者一樣，都是基於自願而出席的。他們會自行決定是否花費時間及金錢去參與此活動，沒有人能強迫他們出席。因此，行銷團隊的主要的責任便在於：如何應用本章所提及的行銷原理，將之運用到活動的各個環節中，以提高出席及參與率。若少了熱情與興奮的參與群眾，那麼這個活動將會變得過於學術與不切實際。

　　活動的功能本身亦復如此。在公司機構屬性的會議中，參與者通常被要求參與各種活動，公司通常都會監控員工於各種座談會、產品說明會暨發表會、銷售會議及討論團體等的出席情形。員工將出席視為工作責任的一部分，因此，因職務需要的參與乃是基於公司會議官方主導下的強制手段；參與者領有出席費，一如平常在辦公室工作領薪相同。這意味著，屆時會議室會坐滿人、相關配套措施會精準到位、預算會被精確估計，時程表也將被嚴謹地控制。

　　協會則是一種自發的參與。他們的參與者會自行支付註冊費用以參與活動，同時依照他們自己的主觀意願來決定對活動集會參與的程度。餐點部分的供應很難精準估計與供應（因此存在著很大的財務風險）。同樣地，某個會議室或許人滿為患，另一個會議室卻可能只有零星幾人。對於活動企畫人員來說，最可怕的情況莫過於：當重要發言人欲發表演說時，卻只有寥寥無幾的聽眾，或是閉幕典禮時整場已走掉一大半的人。行銷人員的角色，便在於與企畫

人員緊密合作，以達成有效安排議程；並能按照企畫人員所既定策劃的活動方案指導下去進行，以使參與者能感受到這些精心爲他們所策劃的活動所帶來之趣味與價值。

　　身爲行銷人員的你，必須對於參與者出席的動機有相當的敏感度。對於公司的行銷人員來說，出席的目的相對來說較具一致性。假如公司要求技術總監去參加一個關於寬頻系統的會議以學習新的寬頻概念，則其與會目的是相當容易被定義的。因此你所發展出的行銷方案，必須清楚描繪出活動內容、參與活動之預期成效，以及參加者所能獲得的正面成效。

　　協會活動參與者之參與目的，則較難達到一致性，他們爲何而出席的心情與渴望可能各不相同。其原因可能是諸多考量下的綜合

- ◆ 參與教育課程
- ◆ 拓展人際網絡
- ◆ 追求政治企圖心
- ◆ 解決個人或商業問題
- ◆ 看新展覽商的產品／服務
- ◆ 參加宴會
- ◆ 參觀一個獨特的場地或城市
- ◆ 聆聽有名的講者演說或看演藝人員表演
- ◆ 研究調查一個新產業／專業
- ◆ 參加運動與遊憩活動
- ◆ 只是「離家出遠門」

圖6-1　協會活動參與者的參加動機比公司機構活動參與者更不一致、多樣而且重複性高。參與的程度是自願（協會）或強制（公司）對於行銷人員的訊息有很大的影響。

產物，其中可能包括之因素彙整如圖6-1。如前面我們曾討論過的研究結果，行銷人員務必研判參與者的出席原因及期待標準為何，以便發展出能吸引絕大多數會員與來賓的行銷策略。

由此可見，無論從目的、個人優先順序及活動預期等角度觀之，公司機構屬性的行銷是較具一致性的；反之，典型的協會行銷則較具異質性。

此外，公司機構與協會之間尚存在一些差異值得關注。例如，在「預定」和安排活動上，公司機構屬性的會議或座談會，僅需較短的時間來進行籌備工作；而委任性質的協會活動由於在舉辦時間上較為固定，而且必須鼓勵參與者參加，故其所需之籌備時間較長。假如你是從事公司機構行銷的活動，這表示相較於協會活動來說，你有較緊迫的時間壓力，必須在活動舉辦前去籌劃、發展及遞出符合公司機構目標的行銷計畫。而負責協會行銷的人員則通常有較長的準備時間，容許其就推廣方法、公共關係以及溝通策略等方面做較周延的構思。而且在多數情況下，他們有較充裕的時間就各種不同的反應意見做行銷策略之調整。

在此提供讀者在從事公司機構或協會行銷活動時，一些值得謹記的簡要技巧：

❑ 在公司機構活動領域中，市場是由一個組織團體所構成：被行銷的公司機構。其公司文化、理想、議題以及經營理念在所有員工的心中都比較一致。他們都向同一面旗致敬。若你為他們的公司行銷活動，那麼在建立行銷策略之前，你將會想要清楚辨別公司的特色。

❑ 一般在協會活動的領域中，市場是由無數的文化、議題與理想所組成。你必需記住，雖然一個商業協會代表一個特定的產業（例如，農業、交通運輸或造紙業），但它的成員或許

是數千名個別企業的老闆和經營者。他們之中有許多人甚至會相互競爭。他們參加協會有許多理由，最基本的就是提振自己的事業，使其更具競爭力以及獲利更高，或者至少有償付能力。因此，雖然一般人認為服務他們的協會是利他和非營利的，但是它的目標群眾動機可能是要提升自己的獲利、教育以及競爭力。在協會市場中，這種異質性與錯綜複雜的特質對於行銷人員是一大挑戰，你必須在推銷特色之前，先確認及推廣活動的益處。這又是另一個有效的質化與量化市場研究的論點。

❏ 公司行號通常可以任意選擇舉辦活動的地點。獎勵旅遊通常會預定國外的地點及度假村，最熱門的景點就是夏威夷和佛羅里達。由於愈來愈多的公司機構加入全球市場，因此有更多像是商品展售會這類的活動在全世界舉行。就行銷而言，這意味著宣傳的重點可能會強調地點以及活動本身的目的。

❏ 另一方面，協會在某些領域可能會受到契約或內部章程的限制。一個州立或縣立的教育協會可能不被允許到外地舉行會議。一個美國的全國性學會所舉辦的某些活動也可能被限制在美國境內。熟練的行銷人員在準備行銷企畫案之前，就會先判斷這點，因為若不了解這一點，可能在一開始就會被贊助機構打回票。

　　現在你了解協會與公司社群這兩大目標市場之間重要的差異，現在讓我們把焦點放在公司這塊市場上。

推廣公司訊息

在推廣公司訊息之前，身為行銷人員有必要對公司客戶及資方所建構的公司文化進行深入了解。《韋氏大辭典》（*Webster's Unabridged Dictionary*）將文化定義為：「藉由人類一代代在學習及傳遞知識方面的能力，整合全人類之思想、言論、行為及藝術遺產的行為模式」。此外，文化的定義還包含了「世俗信仰、社會型態、以及種族、宗教、社會團體等具體特質」。由以上的定義，我們當然可以將公司也加入在文化的定義之中。

公司員工深受公司的理念、口號及其形象的影響。專案活動也常常藉由演講、影音宣傳品、旗幟、大型橫幅看板，甚至是歌曲及舉行典禮來激勵員工精神，同時也強化公司訊息。例如玫琳凱化妝品公司（Mary Kay）的直銷商大會上，所有的參與者都熱情地高唱公司主題歌：「玫琳凱的精神直達我心」如此熱烈的氣氛讓所有路過會場的人們駐足驚嘆！

公司文化所影響的層面絕不止於其所屬員工，尤其是公司產品的消費者才是傳遞公司訊息的真正目標。老牌公司例如全錄、IBM等公司，他們的員工就是以穿著繡有員工編號的制服，以標準模式來銷售及服務客戶而著名。雖然近來他們的傳統因為新世代進入了公司體而有所放鬆，但過去良好的商譽與形象早已深植於公司文化與客戶的期待之中。相較而言，近年來矽谷新興產業及網路新貴公司中的員工，反倒是以穿著輕鬆為信念，他們信奉著努力工作、盡情玩樂的人生哲學。員工被鼓勵參加各項戶外運動、工作中可以到公園散步思考、參加家庭聚會，甚至是帶家中的愛犬來上班。

在行銷公司團體的活動之前，明確了解公司行動方針的各項基

礎非常重要。公司的管理階層與決策者除了會讓行銷人員了解公司
文化的本質外，還會告訴行銷人員公司文化存在的原因。公司文化
能夠吸引特定的員工嗎？公司文化能否吸引市場區隔中所期盼的特
定世代？身為一個行銷人員，在推廣各項公司訊息給員工、股東、
消費者及合作商之前，必須先請教公司決策者以下各個問題：

☐ 公司從何而來？已經創立多久了？公司希望朝哪個方向走？
（分別要說明短期及長期的計畫）

☐ 公司中什麼是可行的？什麼是不可行的？

☐ 公司所呈現的工作環境如何？一位穿著輕鬆的公司主管也許
會比較喜歡「熱情且有彈性」的行事風格的員工；相反地，
一家傳統公司則不盡然認同此一說法。

☐ 哪一家公司是主要的競爭對手？他們的公司價值和經營哲學
與自己的有何不同？是什麼會讓我們變得更好（有什麼是應
該要重視的）？是什麼會讓我們變得更糟（有什麼是一定要
改善的）？

☐ 誰是公司過去與現在的英雄人物？當員工在舉辦活動聚集
時，要如何將此人的表現訂定為公司的典範與標準，以表敬
意。

☐ 公司中有什麼傳統或儀式可以呈現在公司通訊的設計中，例
如公司歌曲、口號、慶典、競賽、運動會、休閒活動與家庭
相關聚會等？

☐ 在公司通訊中，什麼樣的調整或漸進的改變是大家所期盼
的？或在活動中呈現的？亦或是更為重要，要在活動前的行
銷策略中呈現，並且塑造出令人期待的公司訊息。

☐ 公司中是否具備一整套的政策及流程來建立公司行為規範？
其要素包含有不同階層或其他單位員工之間互動的內部標

準、公眾場合的行為禮儀、會議準備及參與會議的基本要
求。以上的要素對於員工了解公司概況及其對公司之期待是
十分必要的。

更重要的是，你做好了你該做的功課了嗎？公司文化與公司訊
息之間的差異是非常複雜且多元的。適用於某家公司的一套行銷策
略絕對無法適用於所有公司。一個成功的行銷管理人會在制定行銷
策略之前好好研究一下這家公司的所有需求。

行銷獎勵方案

在設計獎勵方案時一定要將以下要素銘記在心：這是為了獎勵
在某一段特定期間有傑出銷售表現及績效優良的員工。評量員工是
否達到此一標準通常不只包含他們的銷售成績，還包括他們的生產
力、在公司任職的時間、新觀念的貢獻度或節省成本策略。

相較於其他類型的公司活動，獎勵方案更須在一開始時就明確
說明在何種傑出表現才能贏得國外旅遊（通常是與配偶同行或可攜
伴參加）或一個特別獎賞或獎金等。當公司年度目標及獎勵內容確
定後，獎勵方案活動推廣就可以大張旗鼓地展開。在達到公司目的
之前，要不斷地讓員工看見眼前極具吸引力的目標，並且提醒他們
在最後期限之前努力達成目標，在盡全力之後美麗的法國南部蔚藍
海岸之旅、或是有高額獎金的年度最佳員工獎等著他們。

一般而言，獎勵方案多會包括免費的極致奢華渡假村之旅或是
海外旅遊行程。研究證實獎勵方案為實踐公司目標及計畫的有效策
略之一。它與其他的公司活動不同的是，舉辦的目的是為玩樂而非
工作。無論如何，旅程中的某一部分可能會被用來開工作會報或是

專題研討,其中可能會拿來做為公司內部的廣告及直接郵件的內容討論等。但是相較於其他公司活動而言,這些屬於「工作」的部分不會顯得那麼地義務性,而且在時間上也短了許多(甚至是完全取消)。無論如何,一個獎勵方案就是要讓參與者不要覺得這是一個需要將稅金算在自己頭上的活動。有些公司會在獎勵旅遊的期間舉辦具意涵的商務會議,多半是宣布公司創新發明或新產品問世,以及再次強調公司文化與員工忠誠度等。舉例來說,當績優員工登上了豪華郵輪展開了奢華航程時,對管理者來說就等於獲取了一群忠誠的追隨者。所以當行銷人員在操作獎勵方案活動時,一定要了解管理階層對此活動眞正的意圖與期望來設計活動內容的優先順序。

務必牢記行銷獎勵方案活動的基本要素,圖6.2說明了這些既簡單又關鍵的重點。

- ◆ 利用獎勵方案來引發員工的動力
- ◆ 運用生動的詞彙來描述獎勵內容或旅遊目的地
- ◆ 強調獎賞或旅遊的金錢價值
- ◆ 清楚地規範要達到獎勵的標準
- ◆ 明確宣告活動時間與最後期限
- ◆ 不斷地提醒員工有耕耘必有收穫(公司獎勵工作表現良好的員工,同時也建立了員工的忠誠度!)

圖6.2 明確地定義公司獎勵方案活動的規則並讓人產生深切的期待是行銷人員的重責大任。在創造歡樂氣氛時,更要將所有參與者的責任與角色定義清楚。

公司會議的其他型態

公司規劃的活動總有許多的目的，絕大多數都包含了與上述相同的行銷原則，包括：

1. **訓練研討會**：非常類似協會研討會及工作坊，此類會議由演講者及專題小組針對如產業趨勢、新的科技發現與理論，以及市場人口統計變數等特定議題來進行討論。對參與研討會成員行銷推廣公司訊息最重要的目標就是陳述一個清楚的主題及說明其利益（參與者可以學到什麼）。

2. **產品說明會**：新產品說明會是擁有多重目標的專案活動。這是基礎教育活動，目的是要教育銷售人員及公司主管關於他們必須推銷之新產品或服務的優點。此外，此類說明會同樣可以附帶舉辦管理階層會議或經銷商說明會。產品說明會也可以當成新產品及公司創始的慶祝儀式，讓員工、大盤（躉售商）、中盤（經銷商）、小盤（零售商）甚至是消費大眾共同參與活動。當然，動態的活動呈現、尖端的視聽效果、精心設計的舞台、音樂及娛樂活動等都是新產品發表會時在展示台上不可或缺的要角。

以上內容對活動行銷從業人員具有何種意義？顯然，行銷方法與活動的本質及複雜度息息相關。關鍵在於比較公司機構活動與協會活動之間的差異，參與活動的人是被迫參加還是自願參加。新產品說明會對於公司員工來說多半是被強迫參與的。公司的訊息當然是要被推廣的，但不是針對這群人。中盤（經銷商）及大盤（躉售商）通常並不一定要參與活動，他們都是獨立於公司的配售及物流系統之外，在這種情況下，就得透過行銷說服他們來參加活動。針

對小盤（零售商）更是如此，因為他們平常銷售各式各樣的產品與品牌，對於學習新產品的細節更顯得興趣缺缺。對消費大眾來說，參與新產品的意願就比較高，可以藉由廣告、廣播、電視媒體、印刷品回函、電子媒體、巴士、地鐵和其他交通工具的招牌在不同的市場區隔下促銷產品。這些行銷工具也常被汽車大展、遊艇展、花藝展等針對一般大眾展出的活動所採用。此外，可以針對特定的目標市場努力，如政府機關、過去與現在的合作客戶、公共衛生局處等。明確了解公司想邀請的對象，是發展有效行銷企畫的關鍵因素。

1. **管理階層會議**：通常能夠參與管理階層會議在公司中算是一種榮譽，所以往往這類會議都會包含高層人員的互動、座談及休閒活動等，這些活動不太需要行銷。而且絕大部分的教育性內容是針對公司經營理念、價值觀、問題解決方案及新的組織策略進行熱烈討論。所以參與之前充分地準備資料，面對在討論中的挑戰並達到預期的成果，如此，出席者才能做出最大的貢獻。

2. **業務會議**：從行銷觀點而言，全國性或地區性的業務會議，應該與教育、培訓活動及產品說明會等促販活動結合在一起。會議的目標在於強化銷售技巧、增進公司價值觀與經營理念、學習銷售新產品或服務的各項特性。典型的業務會議包含工作 娛樂活動，它被設計成先進行產品教學，而後進行休閒及娛樂活動，藉此強化公司人員對產品或服務的熱忱，並將此熱情帶回自身公司，進而影響消費者。

3. **股東大會**：股東就是公司主要的「利害關係人」。公司的章程與法條中通常會要求一年舉辦一次股東大會。股東大會最好是在公司成功時來告知股東開會，否則，在公司經營不善時，召開會議只會讓股東們質問、給予建議、或只是針對管

理階層提出抱怨。股東大會在公司賺錢時是慶祝大會，在公司賠錢時馬上轉為敵對態度。因此股東大會的型式及宣傳的程度是非常敏感的管理課題。通常行銷主管都是遵照管理階層的指示來發展行銷手法，一切照辦。

內部與外部溝通

無論是大型購物中心的開幕活動、新一代汽車的發表會、還是新代理權的剪綵活動，內部與外部的溝通都應該規劃策略。

當公司內部與外部的資源結合在一起時，公司活動的溝通就會變得非常有效率。例如，訓練計畫的目標應該在公司總部內就先透過適當的管道進行溝通。為了說服分公司、區域配銷點、零售商或其他通路商來參與活動，在散佈訊息之前，可以邀請焦點團體針對行銷活動做出回應與建議，並進行修正。

傳統上可以做為內部焦點團體的部門包括有：

- 執行管理部門
- 公關部
- 行銷部
- 人力資源部
- 公司宣傳活動部
- 業務部
- 經銷商、配銷及蠆售分支單位
- 財務部
- 新產品負責單位
- 研究與發展部門

　　與產品發表會一樣，行銷人員在進行吸引人們目光與熱情的外部溝通之前，內部須先針對各團體進行「新理念發表」以獲得各單位正確及具建設性回應。再者，這種作法將爲整個公司帶來獨佔利益，能獲得總部的支持對於專案是否能成功相當重要。

　　將內部討論的結果修正之後，活動計畫就可以藉由各類傳統的行銷工具開始進行外部溝通，例如公關活動、廣告、獨家廣告商品、電子郵件、網路，以及媒體套件等。

　　對公司會議而言，內部溝通在傳遞公司訊息等方面都很重要，可以使人們了解該活動的訊息以及公司對於預期成果的態度。內部溝通的目的不在鼓勵人們參與活動，而是要激起參與者的熱情。外部溝通所產生的影響力及花費均十分驚人，但市場研究若徹底執行，將會有所收穫。正如上述所提及，批發商、經銷商、零售業者，以及其他的外部通路，例如一般大眾，都必須經由行銷活動來吸引和說服他們的參與。無論是公司新設立，或是新購物中心或新公園的開幕，爲了吸引當地人們注意，外部溝通活動應該要含括許多的行銷要素及「小型活動」在內。而且溝通的設計重點不僅止於讓大眾產生興趣與關注，更重要的是要讓他們的熱情可以維持到活動開幕當時。

　　以下是一些值得參考的外部溝通工具：

❏ 媒體新聞稿及媒體套件
❏ 街頭展售會、遊行及表演活動
❏ 試用品及產品說明會
❏ 街道橫幅、戶外廣告看板及交通運輸系統的海報張貼
❏ 針對地方政府官員的公關活動
❏ 新書簽名會及名人代言
❏ 參與廠商給予特別折扣

- ❑ 記者會
- ❑ 地方官員及公司主管的招待會
- ❑ 志願公共服務的通知（PSAs）
- ❑ 邀請新聞媒體報導（電子及平面媒體）

任何一個公司的活動，無論本質為何，主要的目的就是要達成公司的獲利、目標及方針。內部溝通就是針對公司內部的員工，而外部溝通則是針對沒有在公司的直接掌控下，卻擁有左右行銷成功關鍵的消費者、供應商、股東、配銷商、批發商、零售商及其他（如一般大眾）來執行。

善用媒體關係

假如你負責行銷公司的活動，那麼你最大的挑戰便在於：如何讓各種媒體認為你的活動具新聞價值，以及彰顯出該活動能帶給對相關產品或服務有興趣的人何種利益。為達此目的，行銷專業人員應先找出活動對整個社區有正面影響的構成要件：比如，舉辦一場獨特的產品說明會、提供社區服務、由公司贊助或投資一項會引起當地平面或電子媒體關注的市政設施。想反地，如果只是簡單地發出新聞稿告知媒體你的公司將於當地的某個會議中心舉辦一場全國性的銷售會議，恐怕無法引起新聞業者對這件事的關注。儘管廣告堪稱是一種有效的媒體工具，但其本身亦存在一些本質上的偏頗。有關活動及其目的的社論式報導最能建立可信度。

行銷方式的選擇必須透過對目標地區的可運用媒體做一調查。以下乃為幾種可選擇之媒介，藉此將有助於知名度及人際關係的建立與提升。

平面媒體

- ❏ 商業性刊物
- ❏ 產業及消費者雜誌與期刊
- ❏ 內部與外部通訊
- ❏ 報紙
- ❏ 地方／全國性之消費新聞
- ❏ 商業期刊
- ❏ 教會刊物
- ❏ 接待處與櫃檯的宣傳單
- ❏ 聯盟公司及相關協會組織之出版品
- ❏ 各級學校與大專院校之出版物
- ❏ 旅遊及航空公司出版物

電子媒體

- ❏ 廣播
- ❏ 電視
- ❏ 網路
- ❏ 有線電視
- ❏ 一對多傳真

　　對每個媒體所能接觸的市場做仔細的分析是必要的。大型活動可選擇全國性的報紙、電視及廣播電台做為媒介，它們擁有廣大的人口族群；舉辦較小型的公司會議活動時，行銷人員則可尋求和下列對象合作：州或縣市級的地方性報紙、地區性的廣播電台、當地購物指南以及對該公司之目標或商品有興趣的商家。究竟應選擇涵蓋範圍較廣或涵蓋範圍較侷限的媒介，必須視活動特性、目標市場

能獲得的合理效益、經濟可行性及行銷成本等各方面之考量而定。

一般來說，媒體關係的建立需要靠人的介入。由於都會區的編輯人員與新聞部每天都會收到成千上萬件的新聞稿、產品發表會通知以及眾多需要閱讀的資料，因此你所提供欲發布的消息很容易淹沒於其中。

以下的一些策略將有助於你建立屬於個人且長久的媒體關係：

1. 尋找一個可以幫助你找到有效溝通窗口的盟友。花一分鐘思考一下，在社區中有哪個經銷商在目標市場中具有相當的影響力？哪一個配銷商為市議會提供服務並認識那些具影響力的意見領袖？誰是地方有力人士，有辦法提供行銷部門內部建議並為新的媒體關係鋪路？媒體關係可以從建立盟友與支持者來開展，未必需要一開始便直接與媒體機構做聯繫。因此，重點不在於你知道什麼，而是你認識誰。

2. 決定所欲傳遞之訊息，並試圖使媒體對其感興趣。報社的執行編輯有可能對於你所提供的訊息並不感興趣；電視台的製作人也許不會將你所提供的新聞稿傳遞到正確的部門。因此，務必使訊息能精準地傳送到會對該訊息有興趣的人手上。舉例來說，假設你所欲傳遞的訊息如下：

   ❏ 財經訊息：財經編輯 財經部門
   ❏ 體育／娛樂活動：體育編輯
   ❏ 流行話題：時尚部門或時尚編輯
   ❏ 商業訊息：商業編輯／消費者新聞
   ❏ 美食消息：飲食部門編輯
   ❏ 娛樂活動：娛樂部門／評論家

換言之，在目標愈特定的情況下，你所欲傳達的訊息愈容易成

功地被媒體接受進而達到曝光的目的。請記住，你的盟友和支持者（誠如上述第1點所提及的）將可幫助你在適當的時間與適當的人接觸。你可以在事先徵得其同意的情況下，秀出他們的名號以做為自己的推薦人。

1. 給合適的接觸媒體寄一封私人信件，或許隨信附上一篇新聞稿，於其中描述有關公司活動的使命及相關訊息，同時提醒他們你將會進一步提供其他參考資訊並回答其有疑問之處。這樣的動作，不但可增進關注程度亦是相當合宜的商務慣例。一通「冷冰冰的電話」往往無法與媒體代表建立關係，除非你所傳遞的訊息確實相當有賣點，而且符合大眾的興趣。假使所欲傳遞之訊息夠吸引人的話，行銷人員將會接到來自新聞編輯人員或記者徵詢相關內容的後續追蹤電話。

2. 在消息曝光之後繼續與該媒體保持接觸。假如活動內容有被刊登在地方性報紙或平面媒體，或是當地商家及經銷商已分送相關資料或將其訊息張貼在其門市櫥窗上時，務必讓他們知道這樣做對於公司的重要性。儘管他們未來可能未必是活動的行銷對象，但他們可能認識那些目標群眾。他們可能成為你的新盟友，有助於你與重要媒體聯繫及擴展新關係。

行銷人員經常要執行一些事務性的專業工作，像是分析城市／郊區的新聞報導成本、折扣及折價券的效果，以及活動經營的投資報酬率等等。然而，行銷人員千萬勿忘所謂與媒體建立及深化關係乃指合宜且持續地與相關人士保持互動。個人私交或同儕情誼——無論是一封工作相關信函或是一張生日賀卡——才是最有用的無價之寶。

公共關係的機會

　　在進行公司活動的行銷時，關於有效公關行動的價值與方法，已如前所述做了廣泛討論。無論是進行公司、協會、工會、社團抑或是社區的活動，其在公關上的原理原則，其實是大致相同的。公共關係的價值重點在於人們如何看待你的公司、而不在於公司本身對外說了些什麼。取得消費大眾的信任感乃為公關活動最明顯的實益。然而一個有效的公關活動其經濟效益亦十分重要。根據美國公關學會（The Public Relations Society of America）——其乃為美國最大的公關專業人士組織——之估計，活動的社論式報導所帶來的正面影響，相較於贊助商所做的廣告，其效益高出三倍之多。

　　就如同協會活動一樣，公司的公關策略之擬定亦須藉助量化與質化之研究、焦點團體、訪談、態度調查、生活型態／人口統計資料的分析等，以助於規劃及執行相關之行銷活動。

公益活動

　　做為公關的一項工具，這類公益的活動已經成為公司在彰顯自己具社區意識以及對於推動公益事業方面不遺餘力的重要表徵。無論是公司銷售會議或產品發表會中的附帶角色，抑或是一項獨立的活動，公司從事贊助公眾需求的相關活動皆有助於樹立贊助商有心為國家及社區盡一己之力的良好形象。為目標市場協會籌募善款或教育基金，可使公司在目標群眾心中的定位，不僅只是個產品銷售者，更是與目標群眾站在同一邊的夥伴。以公關的角度來看，若想

要有機會接觸媒體、社區領袖、教會、慈善團體，甚至是一般的街
頭民眾，舉辦公益活動可說是最佳選擇。

有關公司可舉辦的公益活動，範圍十分廣泛，包括：

❑ 贊助爲愛滋病患之療癒而發起的跑步活動。

❑ 贊助爲當地的男童或女童俱樂部籌資而發起之競標／招待會。

❑ 贊助舉辦城市兒童之運動日。

❑ 贊助舉辦社區公園清潔活動。

❑ 贊助對警察及消防人員表達敬意的警察節等活動。

❑ 贊助感恩節資金籌募活動，以幫助無家可歸及貧困者之生計。

❑ 贊助爲學校教材及設備籌募基金的相關活動。

公益活動是一種可進行交叉行銷的多元領域。相關的公司、協
會、社區團體及宗教組織等皆十分樂意加入此類活動。這樣既可有
效提升公益活動的影響力和接受度，同時又可使目標群眾被吸引來
參與活動。

此外，公益活動對於欲改變公司形象及試圖扭轉民眾負面觀感
的公司來說，也是相當有效的公關工具。菸草公司即爲一典型的例
子。以生產菸草著稱的菲利浦‧莫里斯（Philip Morris Companies）
公司生產了許多與菸草不相干的食品，由於其所經營之菸草事業具
有相當之爭議性及社會負面觀感，故菲利浦‧莫里斯公司乃播映了
一支全國性的電視廣告，內容主要描述其利用空運方式將食品及相
關物資運送到科索沃（Kosovo）境內以幫助因戰爭而受傷的民眾。
此舉可謂相當成功的行銷方案，不但呈現出該公司具備人道主義與
社群關懷的精神，同時亦突顯出該公司除菸草外也生產多樣商品。
這類公益活動可以是全球性的，也可以是地區性的；最主要的是，
他們確實可以帶來正面的公關評價與公司知名度。

總結

　　許多活動行銷的從業人員在他們的職業生涯中，可能同時為公司客戶與協會客戶二種屬性不同的機構提供服務。因此，了解二者間的顯著差異是十分重要的！本章已深入探討了此二者間或顯而易見、或微妙細緻的差異之所在。就公司活動而言，考量公司本身的公司文化、經營理念及未來策略等，乃為成功傳遞行銷訊息的關鍵因素！詳細調查公司過去的歷史及其過去活動的結果，是理解其未來方向不可或缺的參考資訊。

　　公司在決策制定上是高度集權化的，因此了解公司的使命及獲得行銷策略的核可一般來說較單純。通常公司預算相對而言較固定，因而減少了要去猜測行銷工作上關於可運用資源多寡的問題。然而，誠如本章所述，在內部溝通與外部溝通上，如何適當配置其比重乃一行銷活動能否成功很重要的基本課題。最後，由於公司為一營利性組織，而且媒體往往對於其公司目的存有偏見，因此如何與媒體之間建立持續的個人關係，無疑是行銷人員的挑戰與機會。

前線交鋒的故事

　　包威（Bowie，位於美國馬里蘭州）的灣襪（Baysox）隊是一支小聯盟的棒球隊，也是巴爾的摩金鶯（Baltimore Orioles）農場系統（小聯盟的俗稱）的一員。在2001年的七月，在坎登體育館的金鶯棒球場附近，因發生火車出軌事件及其所引發的隧道大火，致使巴爾的摩市陷入癱瘓。坎登體育館是金鶯隊的主場地，也是長期以來大聯盟棒球隊舉行賽事的場地。由於隧道起火以及毒氣漫

延至市區，所有金鶯隊原定的賽事皆被迫延後四天舉行。市區的警消人員必須確保四萬五千名球迷的安全並須儘速解決因事故導致道路封閉所衍生的交通壅塞問題。

　　包威灣襪隊的公關部門，因而提出一項獨特的大眾服務及行銷策略。透過電視與廣播新聞的報導以及區域廣告，這支小聯盟棒球隊（其所屬運動場距離巴爾的摩市約20英哩）邀請那些因金鶯隊賽程被取消而感到失望的球迷們，帶著他們原有的金鶯隊入場券至包威看他們灣襪隊的球賽，只要出示他們原有的入場券，這些球迷們即可購得一張灣襪隊的球賽入場券；而他們原有的金鶯隊入場券仍可於複賽時使用，同時又加贈給他們一張灣襪隊下一場球賽的入場券。這種行銷策略可以帶來什麼效益？這支小聯盟棒球隊創造了一種獨特的交叉行銷方式、一種社區共同體的精神、以及大批的觀眾與高興的球迷。除此之外，灣襪隊更藉此在市場區域中提升了其球隊知名度、突顯其所在位置的交通便利性，以及小鎮中的小聯盟球隊所具有之獨特魅力。

問題討論

1. 你必須爲一家公司的年度銷售會議及頒獎晚宴策劃一行銷方案。你過去從未有替這家公司做這類工作的經驗。請問在提這份企畫案之前，公司文化中的哪些要素對於你分析該公司、公司員工及公司使命方面，是重要的參考資訊？

2. 若要在某個社區舉辦一場銷售會議及頒獎晚宴，你會採取哪些步驟來建立媒體關係？你如何決定應該包含哪些媒體？

第7章
節慶活動、展覽會與其他特殊活動之行銷

經驗是人們為他們所犯的錯誤所命之名。

—— 王爾德（*Oscar Wilde*）

當你讀完這一章，你將能夠：

♦ 擬定專為節慶活動、展覽會與其他特殊活動設計的行銷計畫。

♦ 安排贊助商與媒體節目。

♦ 結合廣告、公共關係與宣傳來舉辦特殊活動。

♦ 利用街頭宣傳與其他特殊方式米增加曝光。

♦ 有效地利用名人與大人物。

♦ 為活動建立品牌以求獨家曝光。

♦ 衡量節慶活動與其他活動的行銷效果。

♦ 創造游擊式行銷的活動。

行銷節慶活動與展覽會

　　現代的節慶活動與展覽會比以前的要來得多樣、精緻。行銷這些獨特的活動類型需要獨特且創新的策略。換句話說，一個活動的成功或許跟活動種類、吸引人的主要事物，或者活動之目的沒有太大關係，但與行銷人員如何善用活動的特定因素有關。這些因素包括地點、競爭、天氣、成本和娛樂。

地點

　　地點的選擇與行銷對出席率及活動的成功與否有重大的影響。這個地點是否位於中心地區，或是位於偏遠的市郊？州際公路是否有便道通達，或者在走路能到的範圍內是否有地下鐵車站？針對交通方便性、中央地點，或者新場所的點來宣傳，能使活動的出席人數增加。除此之外，行銷地點的便利性可以使人對這個活動的接受度增加，而結合古蹟或名勝的屬性則能引起潛在出席者的興趣。

　　數年來，美國職棒巴爾的摩金鶯隊（Baltimore Orioles）的主場比賽都在紀念體育館（Memorial Stadium）舉行，這個過時球場座落在一個治安不佳的區域。當一座新球場在巴爾的摩已修建更新的內港區域建成，而且仿照以前的球場樣貌設計時，這個球場以及該地點馬上就比這個隊伍本身還要具有吸引力。這個球隊在此地點的第一年主場門票幾乎全部售完，這並不是因為這個隊伍持續獲勝，而是因為這個新球場與它的地點所創造出來的賣點。在這個球團用來賣票的宣傳訊息中，主要的行銷訊息之一就是要金鶯隊的球迷與非球迷出來看看這個傑作。這個地點非常成功，使得如克里夫蘭印地安人隊與德州遊騎兵隊（Texas Rangers）這些大聯盟的球隊仿照金鶯隊的行銷策略，也同樣成功。

競爭

　　將你的活動宣傳為「獨特、不同且比競爭者更好」，這個訊息與活動本身一樣重要。行銷人員在廣告並宣傳活動的好處時，必須凸顯有趣與獨特的特色。這需要準備完整的行銷策略。有時候，以「點出不同」的行銷策略或許能奏效，但這麼做也有風險。將競爭對手點出來只會讓這些競爭者徒增可信度與知名度而已。這與消費

性產品不同，譬如溫雅（Suavc）這個品牌在廣告中說自己的品質與其他品牌相同，但是價格較低，可是在活動中要以此做為行銷優勢是很困難的。流動遊藝團或許可以宣傳自己比設備完善的遊樂園要來得划算。然而，消費者將清楚知道，投資在遊樂設施與活動內容的兩千五百萬美元或許會提供一個比較好的經驗。

當一個活動辦得很成功時，隨即（與將來）會有仿效者以同樣方式來行銷他們的活動，除了活動的型態，連廣告與主題都照本宣科。這不只會使大眾困惑，也會傷害到創始的活動，最終也會傷害到模仿者自己的活動。出色人物（Lollapalooza）這個夏日巡迴演唱會以多樣的音樂搖滾團體作號召，吸引十幾歲至二十幾歲的歌迷，並成為演唱會界意外的大成功，還打破了美國各地的出席率紀錄。在巡迴第二年之後，無數的模仿者以類似手法行銷自己的巡迴演出，最終使樂迷有可比較的選擇。

天氣

在推廣一個特別活動時，它不像消費性產品是以本身的價值來行銷，天氣可能會是一個優勢，也可能是缺點。天氣會影響活動參與者或消費者的心情。舉例來說，開放給消費者參觀的滑雪與旅遊展通常在十一月初舉行，讓出席者能預先看到最新的滑雪器具與滑雪勝地。研究顯示，當天氣冷時，旅遊展的出席率明顯增高。另一方面，當天氣在旅遊展期間不合時令地異常溫暖時，出席率就大幅下降。在這些情況中，天氣對活動的結果有重大影響。

天氣在運動活動中也扮演一個重要的角色。大聯盟棒球的開戰日是一個獨特的活動，球迷當天會出來享受那多盡春來的活力。職業海灘排球的成功有一部分與比賽在天氣溫暖的區域舉行有關，旁

觀者穿著泳裝或短褲來看排球也能覺得很自在，再加上主辦單位有時候也會提供重建夏日海灘景象的沙。

如果天氣很理想時，對室內展覽或活動可能會有不利的影響。然而，當天氣不好時，就會讓人們避開戶外的休閒活動，而將他們帶到室內的特別活動來。有經驗的行銷人員對這些情況都會有所準備，預備好廣告腹案。當天氣預報有雨時，行銷人員會在當地的廣播或電視上播放廣告，籲請大眾在濕答答的天氣中參加室內活動。

有數百個工藝展都是在室外舉行，參展者於可攜帶的彈開式帳棚底下展售商品。這些活動的成功與否端賴好天氣，但是參與這些活動的每個人都有這樣的認知。對於這種會受到天氣影響的活動，行銷人員要確保成功的宣傳方式之一就是盡可能預先販售許多門票（有時候以高折扣的方式），保證活動的出席率。以維吉尼亞的上等酒節（Vintage Virginia Wine Festival）爲例，他們預先販售打折門票來確保大量的出席。超級盃（Super Bowl）的部分吸引力在於，這個活動在冬季裡的一個溫暖地區（或在一個室內場所）舉辦。要行銷一個成功的高爾夫球錦標賽最好在五月，而不要在十一月。圓形露天劇場舉辦的星空演唱會（演奏會）的成功銷售已形成在圓形露天劇場（不論新舊）舉辦的全國性夏季演唱會季。

成本

展覽會、節慶活動與其他特別活動的廣告中會利用「免費」這個詞，因爲它能吸引注意力。如果設定的成本是很吸引人的，你就要將這一點納入廣告中。如第四章所討論的，成本與價格也可以是行銷活動的決定要素。爲一個展覽做廣告時，行銷人員能吸引愈多目標群眾來參與愈好。因爲這個原因，他們在一些以高價販賣前

排位置的活動與表演中甚至不列出這些門票的價格，但是他們會說「有提供特別席位」。

有時候，把活動定位成特殊物件時，高價策略可能會奏效。其他時候，一個較大、較廣的市場所能負擔的票價會是比較成功的。

使用折價券也能使一個活動更具吸引力。在規劃活動時，行銷人員通常會試著尋找一個可以發送折價券的零售伙伴以吸引較廣的目標群眾。一般來說，以這些折價券做為號召的零售商為連鎖超市、藥房、速食餐廳，甚至是披薩外送連鎖店。折價券的另一個重要源頭就是平面廣告。在平面廣告中附加一張折價券，人們經常會把這個廣告撕下來，這個方法也能提醒人們活動即將開始。

娛樂

一個活動的成功與否也要靠娛樂的行銷。娛樂有許多種類，也能以各種不同的方式行銷。如果是知名的明星，那麼在廣播電台的訪問與宣布門票即將開賣的新聞稿就能使門票快速售完。另一方面，不同且嶄新的娛樂類型或許需要在行銷與公共關係上設定更高的預算。

當「為原始人辯護」這個單人喜劇在華盛頓特區開始演出時，需要大量的報紙廣告與公共關係的運作，以宣傳這個與典型喜劇俱樂部表演不同的另一種形式。起初，這個節目剛上演的當時，百老匯之外從來沒有一個單人喜劇節目成功。之後，這個節目在五個城市巡演，並開始獲得強大的公共關係支持與口耳相傳，門票陸續在全國各地售完，最後成為百老匯最持久的喜劇節目。當這個節目從舊金山、達拉斯移到華盛頓時，行銷方式改變了，而且變得更為精緻。它從一開始的報紙廣告最後變為廣播與直接信函（DM）廣告。

為活動決定適當的媒體

　　某些媒體種類有助於提升活動的刺激感。譬如視覺的活動利用電視廣告效果較佳。當需要的是平面廣告時，色彩的運用可以引發格外的注意。廣播廣告可以設定一個基調或主題來吸引人們注意。

　　太陽馬戲團（Cirque du Soleil）這個新浪潮的加拿大搖滾馬戲團很難用言語來形容。然而，利用彩色的平面廣告，可能出席的觀眾就能對這種類型的活動產生一個概念。行銷音樂活動時，廣播是非常重要的，因為聲音對這些種類的節目來說是關鍵。

　　當你行銷的是一年一度的家居庭園展，請不要在地方報紙上任意地刊登廣告。你反而應鎖定與這個活動有關連的媒體。在報紙方面，鎖定每週的居家庭園版面。在廣播方面，可在星期六早晨的庭園節目中宣傳這個活動。在電視方面，鎖定如家居庭園網這樣的有線電視網，以及如「這棟舊房子」（*This Old House*）這樣的節目。將廣告經費花在直接與產品有關的媒體上，才是有效地在運用媒體費用。行銷人員必須考量這個活動，並尋找最符合這個活動的廣告機會。

擬定行銷時程

　　宣傳節慶活動、展覽會與演唱會需要一個不同於其他活動類型的時程。在宣傳首次舉辦的活動時，行銷人員必須培養大眾的興趣以宣傳這個新活動。第一次舉辦的活動要能脫穎而出。消費者需要接觸許多不同的媒體，從提高人們興趣的廣播廣告、能建立形象並激起興奮感的電視廣告、能提供資訊的平面廣告，一直到能提供完整概要的網站。相對的，邀請知名樂團或電影明星出現在活動現

場，肯定能為活動帶來成功，但是這需要以不同的方式來宣傳。在為這種活動訂立適當的行銷計畫時會產生蹺蹺板效應。

你或許想擁有多一點時間來宣傳這個活動。然而，如果宣傳活動太早開始，會使市場無法將焦點集中在這個活動上。如果宣傳過於接近活動時間才開始，那就不會有足夠的時間來培養大眾對於該活動的興趣。讓我們看看兩個有著不同歷史的類似活動。

加拿大的太陽馬戲團自1984年開始就在北美洲巡演，並已建立起龐大的觀眾迷。當這個表演進城時，想買門票的人比提供的位子要多；因此，馬戲團的宣傳人員在表演進城的前六個月就開始販售門票。這個策略很成功，因為大部分表演的門票在幾個月之前就已售完。

巴南的萬花筒（Barnum's Kaleidoscope）是一個在1999年首演的同類型馬戲團。因為它沒有任何歷史，所以必須訴諸較多的行銷努力。這個表演的門票銷售依賴口耳相傳，及演出開始後的評論。在表演進行的這整段期間，他們推動了較多的行銷努力，試著在先前成功的表演之上建立基礎。如果這個巡演成功，巴南的萬花筒最終將可以仿效太陽馬戲團的策略。

行銷節慶活動、商品秀與展覽會

有部分這類型的活動會被歸類在單一或短期計畫的類別之中。儘管宣傳者或籌辦者想要預先銷售門票，但是消費者不太可能為這些活動預先計畫。

行銷這些活動不僅需要和贊助商與媒體合作，也要了解宣傳特殊活動所需的許多資源。正如之前第四章中所說的，行銷人員可以

廣告	贊助商可以在自己的廣播或電視廣告的最後附加資訊，提醒人們去參加活動。贊助商可以在報紙廣告的底部加上這個活動的折價券或提醒文字。
直接信函	贊助商可以將可能出席者的郵寄名單轉給行銷人員。
公共關係	活動行銷人員可以與贊助商的公共關係活動連結，使贊助商在媒體上得到額外的活動報導。
銷售	贊助商能在自己的場所販售活動的票券。

圖7-1　幾乎所有的活動都能讓贊助商獲得無數使大眾認可的機會，並以此換取他們的支持。贊助商的贊助投資結果一定要看到投資報酬率（ROI）才會持續支持。

利用贊助商與媒體使活動更加成功。圖7-1顯示，贊助商能對一個活動有所貢獻。

媒體贊助商與活動

　　媒體在行銷活動中扮演了一個重要的角色。媒體面對來自其他媒體（平面與電子）的激烈競爭；使自己與眾不同的一個辦法就是成為社區活動的媒體贊助商。WRC-TV是國家廣播公司（NBC）在華盛頓特區的分公司，他們明瞭這種贊助關係的重要性。在十月的某個為期三天的週末，這個電視台成為官方「為愛滋而走」（AIDS Walk）、「特區的品味」（Taste of DC）與「搖滾與賽跑」（Rock

N Race）的正式媒體贊助商。利用現場的招牌與旗幟及現場的新聞
名人，這個電視台向社區展現自己的支持，同時使自己在競爭者中
與眾不同。此舉會花費媒體多少成本？通常贊助廣告會被放在沒有
賣出的時段，或者在播放電視台宣傳時提到（這不算是廣告），因
此，這並不會造成媒體的收入損失。媒體可扮演關鍵角色，因為未
售出的廣告時段可以確保人們注意到這個活動。

平面

與其讓出版品的廣告出現空白，不如插入贊助廣告。因此，可
依據當天的報紙中的廣告量，將活動廣告插入可利用的空間。

廣播

展覽會、節慶活動與其他特殊活動所普遍使用的一個宣傳工具
就是，與廣播電台的宣傳部門合作，使電台成為活動伙伴。一般而
言，廣播電台通常會要求獨家做為廣播合作對象或贊助商，其交換
籌碼是：與宣傳人員合作，向大眾行銷這個活動。廣播電台會播放
一系列的商業廣告、宣傳廣告插播，在某些情況下，也為非營利機
構和公共服務做宣導。為了增加可信度並增強效果，電台人員會擔
任活動的主持人，或者出現在活動現場散發廣播宣傳資料，在某些
情況下，也會散發簽名照。

在全國性的「為治療而跑」（National Race for the Cure）活動
中，一個成人抒情樂廣播電台成為獨家的廣告贊助商；為了表現它
的支持，這個電台持續地把這個活動當作該年的主要事件來做廣告
宣傳。這個路跑活動後來成為世界上最大的五公里路跑活動（有超
過六萬名跑者），而籌辦者將此歸功於這個電台的努力。如果活動

涵蓋得更廣、更大，就可以帶進兩個以上的廣播電台來為不同類別的目標群眾服務。這可能包括如新聞 談話、前四十名、都市、成人現代與搖滾。

電視

　　除了在電視上播送廣告與宣傳之外，電視台也能將活動併入新聞報導中，針對活動做實況的新聞報導，並在活動中「現場取景」。舉例來說，一個超過一百萬出席者的年度食品活動，某個身為合作伙伴的當地電視台預先報導這個活動。然後，在活動期間播放現場的新聞。這個電視台還可以在活動中租用一個攤位，宣傳自己的藝人與節目。

完美的結合：廣告、公共關係與宣傳

　　行銷特殊活動、演唱會與節慶活動要能真正成功，就是要結合廣告、公共關係與宣傳的力量來加強這個特殊活動。為了執行一個成功的行銷活動，行銷人員必須創造出彼此能互相配合的廣告、公共關係與宣傳。關鍵在於算準廣告時機，引起人們的注意，並伴隨一個公共關係活動以將影響最大化。行銷組合中應該加入宣傳。在部分情況中，為了提高人們的注意，可利用這個宣傳活動做廣告來增加活動的曝光率。

你要親一艘船嗎？

....

我們為賓夕法尼亞州的船艇展（Pennsylvania Boat Show）設計了一個宣傳，其內容是舉辦一個競賽，並邀請十位聽眾來到展覽會場，然後一直親吻一艘船。親到最後的那個人就贏得這艘船。這個宣傳為期三天，我們除了持續地在廣播電台上做廣告，也在船艇展的所有廣告上宣傳。這是有助於創造出一個可以進行公共關係的情況。透過新聞稿以及藉由廣告、電視報導、報紙，甚至是對手廣播電台的報導來引起人們的注意，使得我們擁有廣泛的目標群眾。

街頭宣傳與其他獨特的宣傳

當想到噱頭或街頭宣傳，你就必須了解它需要更多仔細的準備工作，同時還得讓整個宣傳活動引人注意、有趣。記得，要使宣傳成功，你必須使活動合法。另外，宣傳的地點也很關鍵；如果你是為了吸引大眾的注意力而辦宣傳，那麼就該選一個中心地點或者能見度極高且有大批人潮的區域。

每年，為了宣布林林兄弟與巴南&貝利馬戲團的進城消息，馬戲團會進行一個稱為「動物漫遊」的街頭宣傳。根據籌備狀況與周遭地區的情況，馬戲團裡大多數的動物會從馬戲團火車一直遊行到表演的場地。這是馬戲團到各城鎮巡演的傳統，而且已有多年的歷史。三年前，為了增強刺激，林林兄弟與巴南閱聽眾&貝利馬戲團創造出一個老式的馬戲團遊行，這個遊行與五十多年前所辦的類

似，以馬戲團表演者、節目中的動物、馬戲團的舊馬車、軍樂團以及許多馬匹做爲號召。

　　爲了爭取注意力，你有時候必須顯得獨特且具創意。因爲人們看的電視節目與競賽愈來愈令人吃驚，因此行銷人員必須持續引人注目才能抓住目標市場的注意。

　　在籌劃街頭宣傳時，你必須考慮可能會干擾噱頭的天氣、風險及外部影響。不是每一個人都跟你一般對你的宣傳感到興奮。如果下雨，你或許就無法吸引到如預期中那樣多的觀眾。如果宣傳引起交通阻塞，被塞在車潮中的人就會對你的宣傳產生其他的想法。

　　人們喜歡得到免費的東西，無論大小，所以，當你想到街頭宣傳，可能只需要免費送給大眾東西。藉由贈送免費的東西，你確保了某種興趣與興奮感。你要確定這個「免費物品」與這個活動有關；物品的上頭也應該有宣傳活動的訊息。有時候，贈送物品的這個舉動可以獲得媒體的報導。

寶貝，外頭很冷！

　　你必須注意噱頭的瘋狂程度。當你走出一個成功的腦力激盪會議時，你可能會受到一些太超乎尋常或者也許不合法的噱頭或街頭宣傳的誘惑。你必須記得，如果出了問題，或者這個噱頭與大眾有隔閡，可能就會引起更多負面的注意或宣傳，最後會傷害到這個活動。

　　爲了宣傳在冬季所舉行的船艇展開幕典禮，我們找來一個怪人，只穿著一件泳衣在市郊幾乎結凍的河流中滑水。幸運的是，滑水的人沒有掉進冰凍的河水裡，否則這可能會產生一個危險的情況。雖然他沒有掉進河中，但我們看到數百人將車停在路邊，有一點困惑地看著他在攝影師與記者面前表演特技。

活動行銷

　　每當有機會贏得大筆金錢或者到異地旅行時，就會吸引大批人潮。再者，如果有機會贏得一輛車或者一百萬元，大眾與媒體也都會注意到。但是，請記得，舉辦這類的競賽會使許多人知道這個活動的存在，同時也會產生許多無法贏得獎項的失望者。因此，你可能會傷害到自己的活動。

　　在1990年，鞋櫃鞋品公司（Foot Locker）創造出首次的「一百萬投籃」（Million Dollar Shot）活動，並在美國籃球協會（NBA）的「全明星週末賽」（All-Star Weekend）的新手賽中舉行。那年，主辦單位隨意的選出一個人站在半場中線投籃，投中即贏得一百萬元。這個活動前的全國性宣傳包括：《今日美國》（*USA Today*）的封面報導以及受邀出席「大衛·萊特曼午夜漫談」（*Late Show with David Letterman*）節目。當成為贏家的一位十五歲少年在數百萬電視觀眾

有時也會有白吃的午餐！

　　負責浮華世界廠商暢貨購物中心（Vanity Fair Factory Outlet Malls）隆重開幕活動的經紀公司想要在媒體上吸引人們的注意力，他們的訴求是購物中心裡有某樣特別的東西。為了達到效果，經紀公司的宣傳手法是：在開幕的四天期間，購物中心要送給前400名入場的民眾每人一件免費的Lee牛仔褲（由浮華世界製造生產）。每天都有超過400人排隊，隊伍延伸的長度幾乎有三個足球場那麼長，他們都是坐在沙灘椅上，蓋著毯子，在開門之前就來排隊。對於經過的媒體來說，他們每天早上都看到一長串的隊伍，唯一的印象就是在這家新開的店裡一定有什麼事發生。路況記者看到附近道路塞車，他們的報導是：「有一家新開的熱門商店在開門前就已經大排長龍。」

面前未投中籃框，他的立即反應是投入父母親的臂膀中哭泣。對鞋櫃公司來說，大眾對於少年哭泣的反應並不是最好的宣傳。

名人與大人物的參與

在活動中利用名人與大人物，能使特殊活動更加成功。形象相符的名人可以增加可信度並增強印象。

舉例來說，當你邀請知名的運動員或好萊塢明星時，這個活動的本質即被大眾認定為一流的。這或許可以使這個活動與眾不同，使活動籌辦者吸引更多的贊助商，同時也要利用名人出席招待活動。另外，名人可以吸引媒體報導，因為媒體總是在尋找名人的身影。一年一度的「好朋友舞會」（Best Buddies Ball）是一個每年為智能障礙者的活動募款的慈善活動，它帶進眾多明星與出席者交遊。當媒體得知阿里（Muhammad Ali）、凱文‧史貝西（Kevin Spacey）與海倫‧杭特（Helen Hunt）已經到場時，這在國內與當地都引起了廣泛的關注，媒體也爭相報導。

然而，名人也可能製造問題。他們並不總是聽從指示，為正確的贊助商做宣傳，或者放出適當的訊息。身為行銷人員的你必須做一些調查，並與過去曾雇用過這些名人的其他人談談。名人的經紀人總是想把行程都排滿，許多人並不會告訴你關於他 她客戶的全部事情。

當有名人出席時，你必須善加利用他們。在名人抵達之前，請他們預先做一些媒體活動，有助於為一個成功的活動創造出額外的刺激感。當名人進城時，他們可以在活動現場做同步電視訪問，在活動當天早上到電視台去，或者在活動現場拍照。為贊助商或大人物安排一個晚餐前的招待會或一個午餐會，你可以增加在活動中有

名人參與的可行性。籌辦者可以為贊助商與大人物拍下立可拍，然後取得個人的簽名，這有助於取得贊助商接下來數年的支持。

　　儘管有名人現身會讓大家很興奮，但是這個名人愈有名，就愈難控制他／她對這個活動的影響。要明星了解活動細節，並讚揚贊助商，這兩點非常重要，那你可能就要找一個較不出名但是較配合的明星。與大明星合作時，你必須積極地準備。請不要假定對名人簡單地描述其「角色」，他／她就能執行所有要求的職責。要為這位名人準備一個速成課，告訴他／她請他／她出席活動的原因、他／她將做的事、節目的背景資料，以及簡單介紹與這活動有關的贊

一分錢，一分貨！

　　有句格言是這麼說的：一分錢，一分貨。在邀請名人時，情況經常就是這樣。名人不太會拒絕公開露面，但是他們確實喜歡有所酬償。當名人受雇出現在活動時，他們也會更加盡責。許多活動曾有名人貢獻出他 她的服務，但卻在最後一刻取消了。數年以前，一個發起人安排一個慈善網球錦標賽。他四處尋找一個榮譽主席，這個主席必須是一個會打網球，並使活動增加可信度的高知名度名人。這個發起人做了一點研究，發現一個受人歡迎的當地新聞主播是一位熱衷打網球的人。這個發起人聯絡了這位新聞主播，而這位主播不僅同意擔任榮譽主席；更重要的是，他答應在午間名人網球賽中出賽，對抗一位的活動贊助商。活動舉行的前一週，這位發起人確認這位名人會出席，但是網球賽的時間到時，這位名人並沒有出現，這讓所有期待與他見面，看他打網球的參與者失望。然而，在過去的兩年內，這個發起人雇用兩百多位名人出席他的各種活動，其中名人不出現的情況只有兩次。

助商與其他大人物。這可能代表在活動前的一至兩週要將背景資料或一個簡要錄影帶送到這位名人的手上。然後，應該有一位活動人員跟著接送名人的專車或豪華轎車。這個人應該攜帶記有活動要點與資料的三乘五手卡。他／她也應該有一捲可以在車上放給名人看的簡短錄影帶，然後再加上一個活動的概要介紹與一段問答時間。

　　有時，利用政治人物這樣的當地大人物來吸引注意力，並為一個活動增加可信度，可能會帶來令人滿意的結果。利用政治人物時必須要謹慎，因為他們或許會帶來群眾並增加可信度，但他們也可能帶來爭議。另外，節目或許會需要一個簡短的演講，不過政治人物有時候並不了解「簡短」這個詞的意義。一年一度「幫助遊民的走路馬拉松」（Help the Homeless Walkathon），活動在早上十點開始，贊助商與政治人物被安排簡短講二十分鐘的話。活動籌辦者要數百名活動人員到位，好讓這個走路活動從早上十點二十分開始。但是，到了十點四十分，政治人物們還滔滔不絕地說著，於是為了讓活動開始，籌辦者幾乎必須走到舞台上終止最後的一段演講。

為活動建立品牌

　　在有品牌的活動中，最有名的就是奧林匹克運動會了。這個活動的品牌很重要，所以除非某家公司是奧林匹克運動會的贊助商，否則它不能在任何廣告中用「奧運」這個詞。事實上，奧運非常保護自己的名稱，奧運委員會甚至拿其他類似的名稱來註冊商標，如雪梨奧運委員會（Sydney Committee for the Olympic Games, SOCOG）。活動籌辦者的目標是擁有一個受人歡迎的品牌活動，只要提到名稱馬上就會引來認同、意識與注意。

在舉辦一個成功的活動之後,其他人或許會看著那個活動,並說:「我們能辦一個更好的」,或者「這種活動的市場很大。我為什麼不模仿這個活動來分一杯羹?」有件重要的事必須記住:藉由創造出一個名稱、一個商標與一個概念(全都有商標保護),你現在就能為這個活動建立品牌。美國國內有許多馬戲團,包括世界最大的林林兄弟與巴南&貝利馬戲團,但是加拿大的巡迴馬戲團——太陽馬戲團想出一個獨特、富藝術氣息、沒有動物、前衛的馬戲團,馬上一舉成功。太陽馬戲團為了確保自己的市場,它除了自己的巡迴表演團之外,立即在拉斯維加斯、奧蘭多及路易斯安納成立終年不斷的演出團隊。不甘於坐視自己失去那一部分的市場,林林兄弟創造出巴南的萬花筒——以一個帳棚組成的馬戲團,嘗試與太陽馬戲團競爭。

為了確保活動品牌,行銷人員在圖文上都必須創造出辨識度。第一階段就是創造一個商標。現在,企業願意花高達一百萬元來創造一個商標。他們這麼做是因為一個商標能創造出受人尊敬並為人了解的形象,而這有助於為活動建立品牌。大眾或許會對不熟悉的事物裹足不前。只要看看麥當勞(McDonald's)與T. G. I. Friday's的成功就知道了。儘管他們在所有地點的產品都很受歡迎,但他們在包裝上提供大多數人所要的一致性。活動與慶典也是這樣。如果在某個區域或一年中的特定時段有某個成功的活動,大眾就會慢慢對此活動產生信任,這將能確保企業的壽命。

節慶活動與其他特殊活動的游擊式行銷

游擊式行銷牽涉到使用非正統且有時不尋常的方式,行銷人員

藉此方式試圖在一群固定的目標群眾面前吸引人們注意。他們的活動因為有許多活動利用傳統媒體來將消息傳達至活動的目標市場，所以你必須尋找獨特的點子，才能將注意力拉到節慶活動或其他活動上。消費者每天受到數百個廣告訊息的襲擊。使用游擊式行銷，你可以使廣告訊息與活動容易識別。它也可被稱為「當面」行銷，因為人們會立即注意到游擊式行銷手法。為了使游擊式策略成功，你一定要有乘人不備的因素，做某些獨特的事情來創造注意力，擁有某種會吸引注意的東西來宣傳，並找出已有大批固有目標群眾的區域。當你有這些因素時，你就能成功地完成游擊式行銷。

　　愈來愈多主流行銷人員利用游擊式的行銷手法來吸引注意。在重要城市的壅塞鬧區看到人發放免費的新品牌飲料或棒棒糖，這並不是稀奇的事，但是愈來愈多行銷人員這麼做，這種行銷方式就會失去其優勢。

評量方法

　　判斷一個節慶活動、展覽會或其他特別活動是否成功，可以用許多不同的方式。首先，行銷人員必須確認目標。如果你希望吸引人們對一個目標的注意，那麼籌辦者通常會在活動前、活動中，以及結束時訪問出席者。通常，在這些活動中，籌辦者會在活動現場尋找志願者，並同時散播關於這個目標的資訊。藉由訪問熟悉這個活動與目標的個人，我們可以了解受訪者、已接收資訊者，且成功募集成為志願者的概約人數。從這裡不僅能得到參與度統計的數據，也能獲取態度與興趣程度的一般回應。

　　當你試著在社群中宣傳如七月四日煙火慶典或當地消防隊參觀

的親善活動時，你可利用當地報紙或談話性廣播節目，以及隨機訪問社群中的人以獲得來自社群的反饋。在一些情況中，隨著慶典的擴大，你可以藉由出席的增加情況來判斷。在募款活動中，底線是為這個目標募得的金額，還有號召幾個人獨自募集更多資金。當你想知道贊助商的名稱被宣傳得多成功，你可以看廣告與公共關係，並為它們兩者賦予價值。在廣告方面，不管贊助商的名稱與商標在何處被顯著地使用，我們都可以藉由取得該特定廣告的價格來判定其廣告價值，然後將所有的廣告成本整合起來。在公共關係方面，一個人可以看相對的廣告價值。這個數字的獲得方式是收集所有提及贊助商或贊助商出現在照片中的媒體活動簡報，然後判定如果要支付這些曝光費用究竟會花掉多少成本。

總結

節慶活動、展覽會與其他特殊活動的本質和協會、企業活動不同。要成功地行銷你的活動，你必須小心指出、利用這個活動的獨特性質。如電視、廣播與平面等傳統媒體能為活動行銷做大幅貢獻，特別是當你發現它們與利基媒體（niche media）有任何相關性時，更是如此。行銷這些特別活動不僅需要傳統方式，也需要非傳統式的行銷技巧（如街頭宣傳與游擊式行銷）。這些不照慣例的方式容易吸引大眾注意與媒體報導；然而，它們並不是總是正面的。在活動中利用適當的名人與大人物，除了可在媒體曝光且有助於和贊助商的關係增強之外，也可為活動增加某種可信度與名聲。另一方面，行銷人員必須教育名人與大人物，並與他們溝通其任務。最終，活動的特別與否可能端賴創造品牌。節慶活動、展覽會、其他

特別活動及其他有形的產品需要建立一個有力的品牌。一個強而有力的品牌可以將活動從數百萬個類似活動中清楚地突顯出來。大體上，行銷是無止盡的努力。今日的成功並不保證明日會成功。因此，行銷人員設立一個目標，檢討並評估其成功，然後再隨之改變行銷策略，這是很重要的。

前線交鋒的故事

　　在2000年，NBC「今日秀」（Today Show）中的兩位主持人之一凱蒂·庫里克（Katie Couric）決定和前NBC總裁布藍登·泰迪科夫（Brandon Tartikoff）的遺孀莉莉·塔帝科夫（Lilly Tartikoff）一起聯手，創造一個嶄新的特別活動來提高大家對結腸癌研究的注意，並為其募款。庫里克女士的先生杰·莫納漢（Jay Monahan）在1998年因這個病而死，而她希望能做些事，在與這個疾病的對抗上做一些改變。庫里克女士與泰迪科夫女士調查了美國國內所有的大型慈善活動，並看到國內已經有許多慈善路跑與走路的活動。他們發覺，自己想要創造一個大型的活動，但是它必須有所不同。他們兩個人都跟一些名人與音樂家有關係，這些人或許能為這個募款路跑或走路活動增添一些額外的東西。他們發展出一個舉辦走五公里活動的點子，並以一些他們的名人朋友做為號召，並以一個走路活動後的演唱會來結尾。然後，他們與娛樂業基金會（Entertainment Industry Foundation）結合，創造出美國國內最成功的首次活動。

　　在研究之後，人們發現結腸癌通常好發於四十歲以上的男性與女性身上。目標就在於接觸到這部分的目標群眾。這個活動要在華盛頓特區舉行，因為這是凱蒂·庫里克的家鄉，也因為可以在活動同時推動政治活動。

活動籌辦者協調華盛頓郵報（Washington Post）與WRQX-FM電台（一個播放成人抒情榜的廣播電台）的廣告宣傳支持。這份報紙同意給他們免費的可用廣告空間來支持這個活動。第一個廣告在活動前的兩個月出現，促請人們登記走路活動，並懇求支持。然後，在活動開始的前兩週，報紙上的廣告開始反映出這個活動的娛樂面。華盛頓郵報在廣告支持上貢獻了十萬多美元。廣播電台兩個月內播放廣告與公共服務的宣布，總計價值超過三萬美元。

四大贊助商加入，每一個都出現在活動期間的招牌上，其商標也出現在平面廣告上，在活動期間以大人物來接待，並且名稱亦出現在活動的廣播之中。贊助商也接受媒體的訪問與報導。當廣告出現在報紙與廣播時，凱蒂‧庫里克、電視明星丹尼斯‧法蘭茲（Dennis Franz）及棒球明星艾瑞克‧戴維斯（Eric Davis）接受華盛頓郵報與眾多廣播電台的訪問。為了引發對此活動的興奮感，他們在布魯明黛爾（Bloomingdales，活動贊助商之一）公司舉辦登記派對。因為庫里克女士的關係，「紐約重案組」（NYPD Blue）的丹尼斯‧法蘭茲（Dennis Franz）、曾罹患結腸癌而康復的聖路易紅雀隊（St. Louis Cardinals）的艾瑞克‧戴維斯（Eric Davis），以及歌手保羅‧賽門（Paul Simon）也參與其中。這使得這個活動成為一個備受曯目的場合，也成為一個重大的音樂盛會。因為第一年的成功（超過兩萬五千名的走路者與超過十萬名的演唱會參與者），目前已經開始進行繼續在華盛頓特區舉辦此活動的準備，同時也可能會在其他城市舉辦。

問題討論

1. 描述你會如何利用媒體與此媒體的附加價值宣傳來為社區中一個新的西班牙馬戲團做廣告。

2. 列出你會使用哪三種宣傳方式來推廣一個企業高爾夫錦標賽／古典音樂演奏會。

第8章
活動行銷的趨勢

我們如何能知道未來？像梅林（Merlin）般施展魔法召喚它，像天文學家般研究它，或是像算命師般預言它？還是，我們只能像福爾摩斯般地推論它？

—— 《未來學家》，2001年7-8月號

當你讀完這一章，你將能夠：

◆ 界定出會影響你未來活動行銷成果的主要趨勢。

◆ 了解未來的活動行銷方式，並在會議、企業、展覽、節慶活動、社交與其他活動中應用之。

◆ 以最有效且具高度影響力的方式來接觸目標市場，判定未來最佳的實踐方式。

◆ 設計出與改變中的人口統計數據和心理特性描述相關的未來活動行銷計畫。

◆ 增進活動行銷區隔的技巧。

◆ 改良活動行銷的評估方法。

◆ 發展並執行嶄新、先進的活動行銷策略，以擊敗競爭對手。

　　現代的活動行銷人員與傳說中的福爾摩斯極為相像，他們必須持續地發展、使用他／她的偵探技巧來揭露接下來數十年中活動行銷可能包含的秘密。儘管關於活動行銷的未來，不可能百分之百預測正確，但重要的是，專業活動行銷人員應研究風潮、趨勢、統計數據及其他關鍵資料來預測變化，而這點最終將影響他們未來能有效率且高效能執行行銷活動的能力。

活動行銷的主要趨勢

《未來學家》（*Futurist*）雜誌的編輯愛德華‧科尼許（Edward Cornish）相信，「在每天的基準上，這個世界改變得很緩慢，因此預測明天的最佳方法就是表示它會跟今天一樣。」然而，儘管今日的活動可能被當作晴雨計以追蹤歷史發展並預測趨勢，專業的活動行銷人員也一定要將他 她的眼光聚焦在活動賓客的未來需求、需要與想望之上。藉由預測未來的需求，活動行銷人員可以影響需求，並利用對人類生產力與福利相當重要的活動來滿足那些需求。圖8-1列出十項在活動行銷中的主要趨勢，它們是由未來的生活方式、人口數據與文化改變所造成。

2001年悲慘的911事件使得那些為了活動而旅行與聚集的人們心中的想法永遠改變了。在這個恐怖攻擊事件後舉辦的活動，面對因而取消的活動與出席率衰退時，行銷人員被迫想出新的活動行銷策略。在美國國內的危機時刻，活動行銷人員現在必須納入安全、緊急應變計畫以及快速回應負面的公眾反應等議題。此關鍵在於，讓可能的目標群眾正確地來看這個議題，並向出席者保證活動會照顧到他們的安全需求。安全與保全成為行銷訊息的一部分。我們必須強調：人們必須持續聚會，並從活動經驗以及與其他出席者發展出的關係中獲得好處。

這些趨勢代表在全球規模上所產生的經濟、科技與生活方式（包括健康與福祉）等數百個微小的發展。這些有經驗的專業活動行銷人員將持續地監看這些趨勢，並判定如何改變他 她的行銷計畫與產品 服務以滿足這些未來的需求。

十項活動行銷的影響因素與所造成之趨勢

影響因素	趨勢
高齡化的人口特性	推廣小冊子與其他文宣品以較大字體印刷。
更多的可支配所得	增加主要活動前夕與結束後旋即舉行的活動，趁賓客仍在目的地時獲取更多收益。
進步的傳輸科技	在網際網路上川流不息的影像可以用來呈現講者、娛樂、休閒及其他出席活動的好處。
更快速的科技	一天二十四小時，一週七天的即時登記將會得到立即的確認；利用收益管理軟體使提早登記者獲得特別的實質優惠。
新媒體途徑	廣告會擴展到如學校、俱樂部、辦公室、休息室、遊樂園及其他非傳統的場所，因為賓客在這些場所可能會經歷等待的時間。
新語彙	文案撰稿人要開始使用網際網路聊天室中訪客所使用的俚語與專用語，他們會避免「調情者」和「公開的同性戀者」這些字眼，而廣納在網路世代受歡迎的關鍵熱門字詞。
強調健康的益處	隨著人口老化，工作／假期的需求會增加。因此，活動行銷人員會著重在與健康、遊憩與保健方面有關的活動上。
無縫隙的登記過程	交通運輸、住宿、註冊與附帶的遊覽活動透過中央網站都變得隨手可得，以便盡可能從每個賓客身上獲取最大的收益。
多語言溝通	立即的翻譯軟體將會為可能的賓客提供回應這個活動提議的語言選擇，使註冊與門票販售成為一個全球的事業，讓非英語系國家的人也無障礙。
恐怖主義警戒	在適當時將焦點訊息放在安全與保全上，並強調必須出席才能獲得完整的優惠。

圖8-1　針對出席者的需求與生活型態，及其所代表之財經與社會政治資源做詳細分析，將會直接影響精確行銷策略的產生。

個別活動的行銷方法

活動種類	行銷方法	結果（活動行銷報酬之測定）
會議	網際網路	改善早期的註冊情況，並藉由資料庫分析所產生的精準行銷（targeted marketing）來增加其他活動產品（如旅遊活動與特殊活動）的銷售。
節慶	非傳統媒體	由於市場區隔，並要避免如電視、廣播與平面廣告等其他典型媒體的干擾，於是利用醫生的辦公室、醫院與藥局來行銷關於健康的活動，利用運動場所來行銷古典或其他高水準的音樂活動會產生較高的門票銷售量。
展覽	企業廣告	愈來愈多的展覽商與活動賣主將成為共同的行銷人員以減低成本，並增加瞄準的能力及改善出席情況。
教育	親朋好友行銷	讓校友會、大學或學校的友人，及其他利害關係人成為代表或影響者，使得符合資格的學生或活動出席者留意該活動，提供有力的第三者背書，並減低出席者會感到失望的風險。
社交	網際網路與電話通訊	利用網際網路來提升各種社交活動的出席率，網路與電話系統結合，以較低的成本提供即時的聊天功能，而網路與電視的結合使活動賓客能在活動舉行前、活動期間與活動後都能預覽、選擇，並重溫活動內容。

圖8-2　活動本身的性質可能決定了所選擇的行銷方式。活動行銷人員會設定一個判別溝通與影響途徑的策略，以吸引人們注意，並報名註冊。

未來活動行銷的方式

我們可以看到圖8-1所列出的各種影響因素都會造成直接的結果，因此活動行銷人員必須開始使用新的技巧，以一種具成本效益、深具影響的方式來接觸活動出席者。為產生最高的活動行銷報酬率（return on event marketing, ROEM），活動行銷人員與利害關係人必須利用不同的方法來接觸圖8-2中所顯示的個別活動市場。

因此，不管你是在行銷一個社交活動或是奧運會，你的典範即將要改變。當你詳細研究目標市場，然後仔細、徹底且有技巧地發展並執行行銷策略時，這個改變就會發生。借用某種活動的行銷方式，然後在另一脈絡下使用是有可能的，但是每一種活動通常需要一種明確的行銷策略，這樣你才能迅速地捕捉目標市場的注意力，快速、完全地提供足夠的訊息讓他們可以做出正面的決定，毫不費力地影響他們來投資你的活動。你必須成為你即將行銷的活動類型中的專家，就像一個汽車機師專攻特定的車輛，而一位醫生專攻特定的疾病。身為二十一世紀中的一位專業活動行銷人員，你不僅必須成為一個通才，也必須在自己的活動領域中成為一位博學專家。

如何決定未來接觸目標市場最佳的策略

當你在思忖未來的行銷計畫時，你必須問這三個重要的問題：（1）我要如何縮短從發展活動到成功行銷的時間？（2）我要如何衝破行銷的亂流，使活動產品與眾不同？（3）我要怎樣減少推動銷售的成本？你必須問這些問題，因為在你還在思考撰寫活動行銷計

畫之前，你的雇主、利害關係人、主管及其他人就已經在問這些問題了。他們要知道你如何能將這個活動行銷得更快、更好且能增加收益。不管你是營利機構或是非營利機構，要求都是相同的。要具競爭力，你就必須提出這些問題，並明確回答。圖8-3提供一些如何做得更快、更好且增加收益的範例。

　　在二十一世紀，成功的活動行銷人員知道要如何快速、有效且有利地回覆或創造他人對自己活動的需求。持續地將耳朵和眼睛專注在目標與新興的目標市場上，學習如何快速地影響他們來參加活動，這是不可或缺的行動。如果你遲了一步，或者提供了劣等品質，或者沒有達到令人滿意的盈利率，你的活動競爭對手就等在旁邊，接手你所遺落的市場。

更快、更好，更多收益	
挑戰	可能解答
更快	利用網際網路來建立持久的虛擬焦點團體以建立需求，並使你的訊息目標精準。
更好	利用非傳統式的行銷伙伴來改善你傳播行銷訊息的方式，並接觸新的區塊。
更多收益	利用贊助商來減低行銷成本；透過網路來執行主要行銷，並以針對聊天室及新聞群組的方式來引起口耳相傳的興趣。

圖8-3　對許多活動來說，行銷是主要（多數是最主要的）花費項目。決定最具成本與時間效益的方式來接觸目標群眾是行銷人員義不容辭的責任。

如何擬定未來活動的行銷計畫方案

　　活動風險經理經常使用方案計畫來預測潛在的危險或危險情況。活動行銷人員也必須使用方案來判定如何預測，以及因而為可能中斷或加強活動行銷計畫的挑戰與機會做準備。圖8-4提供了五個運用這些方案來增加活動銷售的範本方案與實例。

　　顯然，你不能預測所有可能的問題；然而，你可以大概描述出對行銷活動產品的能力會造成正面或負面影響的可能情況。因此，隨時準備好計畫來抓住可能的機會、減輕威脅是必要的，儘管嶄新、新興的方案會帶來改變，你仍能確保自己的行銷計畫維持穩定、成功。過去，活動行銷人員可能會說：「我無法控制公司罷工或者連續三週的雨天」，但是，活動行銷人員在二十一世紀一定要不斷地想出這些方案，並隨時準備好可以產生成功結果的策略來擁抱它們。

如何改善你的活動行銷區隔技巧

　　「市場區隔」這個詞可以簡單地定義為：確認活動行銷人員的產品與服務可能接觸到的目標市場族群的過程。這些區間或許已經包括在運作中的行銷計畫的現行目標之中，但許多區間可能並不在範圍之內。那些不在範圍之中的區間經常是活動成長與新生的肥沃之地。

　　在整本書中，我一直要讀者們注意，別讓「重複」弄巧成拙，無論它是牽涉到節目設計、宣傳工具、講者、活動特點或者行銷名單皆然。在活動行銷中，有個明確的趨勢就是走向充滿創新設計機

<table>
<tr><td colspan="2" align="center">方案與行動步驟</td></tr>
<tr><td>方案</td><td>行動步驟</td></tr>
<tr><td>在節慶活動開始前的六個月，社區經濟發生衰退。</td><td>與經濟發展的局處合作，在慶典期間提供服務以鼓勵聘雇情況，促進公司與公司的發展，並宣傳慶典的經濟影響。減價提供家庭券來降低單人門票的成本，並提高每人在餐飲與紀念品購買上的整體消費。</td></tr>
<tr><td>在活動前宣布了重大的軍事行動。</td><td>提供折扣給軍人、退伍軍人與他們家人，宣揚機構的愛國精神。</td></tr>
<tr><td>主要對手宣布將在你活動結束的一週後舉辦展覽。</td><td>透過之前出席者的推薦與來自重要專家的背書使自己與眾不同。對初期登記者提供較大折扣。</td></tr>
<tr><td>能源的成本升高，使那些原本會利用車輛出席活動的人減少。</td><td>與運輸公司共同宣傳其他可到達活動現場的交通工具，包括公車路線、火車旅行與機票套裝行程。在所有廣告中向購票者說明節省的金額。並為使用大眾或其他交通工具的賓客們提供折扣。</td></tr>
<tr><td>關於活動的安全紀錄與財務損失的負面新聞報導流傳。</td><td>透過發言人、推薦、業界專家與其他事物來先發制人，宣傳自己活動中的正面數據。制定一個發言處來接觸新團體，並將活動的好消息散佈出去。</td></tr>
</table>

圖8-4　行銷策略在任何時候都可能因為對活動出席率有負面影響的外在因素而改變。事先預期這樣的問題並想出應對計畫，將能提供迅速、有效的行動步驟。

會的新領域；更重要的是，那群目前尚未受到吸引的消費者。那些消費者或許不在你的「雷達螢幕」上，但是他們的活動範圍或許比你認爲的還要近。

市場持續在改變，它們的品味、興趣、潮流與優先順序也一直在改變。舉例來說，因爲沒注意到市場逐步發展出的趨勢，許多公司因而面臨銷售量逐漸降低的窘況。每次經濟衰退之際，觀察家都會看到一些企業掉入令人難過的循環；他們習於高獲利情況，沒有保持在顧客曲線、持續改變的慾望及市場要求的前頭。當這個情況發生時，客戶的需求會轉移至競爭者所提供之嶄新、更具吸引力的產品上，於是存貨就增加，接著爲了使商品流動而折價，使每單位的獲利下降。企業活動行銷人員所傳達的訊息必須反映這個克服衰退的挑戰（扶正這艘船），以及爲完成此事所需的管理策略計畫。

對於協會活動行銷人員來說，這再眞實不過了。協會會員應該反映他們所代表的這個業界與專業。請注意，如果沒有一個有效的行銷計畫來持續分析市場區隔的改變，及其對活動參與的直接影響，那就無法保證這些會員確實能反映自己所代表的業界與專業。這個現象的一個顯著實例就是大型商店在零售業中大幅成長，劇烈（而且往往令人感到遺憾）地改變了會員的的組成結構，而這些會員都支持代表他們的協會。在五金業，隨著大型零售商店在美國各地的購物中心內開張或成爲獨立的零售店營業，數千個家庭式的店鋪隨之消失。同樣的情況也發生在藥品零售業、印刷業、辦公室用品業及許多其他行業。

請記得，隨著一年年過去，新的消費者會出現，而特定的消費者與他們所持的價值觀會消逝。這些用來判定買家的價值與優先順序的「心理變數」概況經常會影響購買、出席或參與與否的決定。

舉例來說，二次世界大戰與嬰兒潮的世代被認爲具有能維持長

久關係、對機構與個人的忠誠、永久關係與耐心。在五金行聊螺帽與螺栓或許沒有效率或不具時間效益，但是這在全國各地及各個城鎮裡是一個長久以來在社群心理中被重視且由來已久的現象。

現在，在市場中崛起的是逐漸成熟的X世代與開始成型的次世代市場。他們呈現的是顯著不同的特徵。他們在一個傳真、電子郵件及網上即時訊息的立即回覆環境下成長，因此他們期望有立即的結果。他們大部分不要「在隊伍中等待」。他們嘲笑「郵寄郵件」。一般而言，他們是多工人士，渴望一次完成數個目標，對人際技巧並不熱衷，與不拘形式的朋友保持關係。他們相當沒耐心，而且有一點多疑。他們展現出要在工作與玩樂上把握每一分鐘的渴望。行銷人員必須知道，他們不會只因為他們看到某件事被印出來「那就一定是真的」，而去相信報紙報導或宣傳文件。要說服這個市場，挑戰是很大的。

因此，「一次買足症候群」（one-stop shopping syndrome）在我們的市場中滲透的狀況有一定增長。不管是在大商店內購物，或者是出席一個教育、社交活動，時間必須充分利用且有幫助。「我將學到哪些東西？」、「我會見到誰？」、「我將如何得到益處？」對行銷人員來說，這些是在宣傳上該處理的關鍵議題。而這個關鍵字就是「我」。

活動行銷人員要處理的是同樣的議題。一年一度退伍軍人節的遊行出席趨勢是往上升、往下降，還是停滯不動？贊助情況是否一直持續或者是減少？哪個社群的領域是引人注目的？哪些不是？負責一年一度社群頒獎與表彰慶典的行銷主管一定要具有同樣的研究精神。出席率是否有增加？每年基本上是否是相同的人來參加？如果是，他們是否已逐漸年長、即將退休，比起數年前是否較不具影響力？我們在出席者與受獎者兩方面是否都忽略了新市場？

　　許多的行銷人員發現（通常是在驚慌失措、爲時已晚的情況下），迎合舊有的支持者並忽略新興市場，無疑是「砍斷樹的年輪」（這是一句古諺，意思是說如果你砍下樹皮底部一小片的年輪，那麼養分將無法從根部輸送上來，這棵樹就會慢慢地就會枯萎、死去）。許多活動已經銷聲匿跡，因爲新市場未被區隔、確認和受到喜愛，因而無法供給後續的養分與支持。

　　身爲一名行銷人員，在判定、分析目前所吸引的市場及創造出所尋求的買家與出席者變動的趨勢之前，你不應該尋求新的市場。利用本書中已描述過的質化與量化研究技巧，市場區隔的起點是從判定、描述目前你所服務的消費者，並爲他們排定優先順序開始。換句話說，「誰來參加你的派對？」

　　除了標準的人口統計，如年齡、性別、年收入、出席年數，以及在第二章描述的其他許多項目外，當行銷人員在增進自己的區隔技巧時，他們會使用一些更具決定性且更追根究底的問題。圖8-5代表在一個研究工具中所採用的問題，用來尋求更廣大的目標群眾。這個工具可以做成質化與量化的設計。

　　這個名單只局限於行銷人員的必備知識及想像創意。顯然，問卷的長度會影響回覆者花時間做這份問卷的意願。因此，「必備知識」是關鍵因素。身爲一位行銷人員，你首先必須定義研究中最重要的資訊目標爲何，然後在考慮這些目標的情況下建立這個工具。

　　這樣的調查有許多被製成表格、紀錄，被興趣缺缺地檢視，然後遭到忽略。然而，細心的調查人員會透過「比較分析」來比較問題與回答，以獲取透視新興市場的洞見。舉例來說，「你從事此行業已有多長時間？」這個問題是判定新興買家團體的關鍵。「一、二、三年」的回覆應該與第十四項相比較，判定這個人口統計團體與想改善個人工作情況之間的關係。如果比較結果是正面且具有重

質化與量化研究調查問題的範例

出席者資料

◆ 名字、地址、聯絡電話（非必填）

◆ 你的職業為何？

◆ 你的職稱為何？

◆ 你從事此行業已有多長時間？

◆ 在過去十年的活動中，你曾出席的是哪幾個？（提供勾選表單）

◆ 你為何出席那些年度的活動？請以1到10的範圍評分。可增加其他你認為重要的原因。

  1. 社交活動

  2. 教育／專業發展

  3. 與同儕建立關係／互動

  4. 旅行

  5. 與假期結合

  6. 在展覽中看看新產品

  7. 為自己的產品找尋新市場

  8. 在機構中追求自己的領導角色

  9. 活動前／後的參觀

10. 活動場地／地點的吸引力

11. 名人吸引力／娛樂

12. 接觸業界脈動，研究趨勢

13. 收集新競爭者的資料

14. 找更好的工作／成為向上的動力

15. 檢閱新的專業文獻／研究

圖8-5　這是一個調查工具的範例，其中包括量化與質化兩方面的項目。這個方法的關鍵在於：問卷長度足以獲取行銷活動的重要資料，而目標對象也願意花時間來回覆。

要意義，那麼「要對這個可能顧客宣傳」的行銷訊息就很清楚。

　　另一方面，假設回覆者大部分代表長期的出席者與老手，新手數目少得令人擔憂，這或許表示這個活動碰到了一個年紀的瓶頸，它預先警告了最終的「超越防守」，它無法吸引新市場來填補這個活動與這個機構本身。

　　這是一個典型的行銷挑戰。對行銷人員而言，這「不是」一個惡夢，而是一個大「機會」。身為行銷人員，你會想和節目籌辦者合作，設計出會吸引新參與者的活動，然後精巧地製作會號召整個新市場參與的宣傳訊息與方式。而且，身為行銷人員，你或許不僅拯救了這個機構的活動長遠的未來，或許還拯救了這個機構做為一個發展實體的未來。

　　在研究新市場區隔的潮流時，圖8-6呈現出更多行銷主管所需要回答的問題。它們探索更多的行為概況與價值。這些議題通常需要用質化方法來解決，而且或許能應用在可以強烈要求確保適當回應的較小團體上（例如企業經理、經銷商，或協會的領導階層）。不過，視需求調整，你仍可針對這個非正式的團體問更多問題。圖8-6所闡明的問題比之前的要更詳細、更深入，但是這或許能針對新的行銷方式提出重要洞見。

　　為什麼要問這樣的問題？誰需要知道這些事？參展者會想知道你的目標群眾的購買力。廣告商會想要知道誰在做購買決定，以及你的出席者閱讀的出版品，以便策劃廣告設計與配置。主講人與贊助者會想知道他們目標群眾的經驗程度與他們在公司裡的職位。身為行銷人員，你必須盡可能地熟知自己的市場情況，以便說服自己的節目參與者與出席者聚集起來。

　　永遠記得，市場區隔不是只有數量的問題才重要。在某些例子中，更為重要的是，這個市場區隔所帶來的影響力。就如我們之前

個人／企業概況問題

◆ 由於去年在我們展覽中所做的接觸而購買的金額有多少？

◆ 你何時籌備你的購買計畫？

◆ 你買了何物？你未來可能買什麼東西？

◆ 在一個會計年度中，你個人負責的購買金額有多少？

◆ 你將什麼視為成功的最大挑戰？

◆ 你將什麼視為最大的教育需求？

◆ 如果可以選擇，你最希望在哪些方面獲得協助？（時間管理、辦公室系統、行政協助、批發商聯繫、確認客戶需求）

◆ 你定期閱讀的業界出版品有哪些？

◆ 你定期閱讀的其他出版品有哪些？

◆ 你定期觀賞的電視節目有哪些？

◆ 你是否願意成為我們的活動在你們社群內的「網路行銷人員」？（如果願意，請留下姓名與聯絡資料）

圖8-6　質化研究工具可以用來獲取關於目標市場的一般資訊，不一定跟特定活動有關。在很多情況下，因為更了解新的市場區隔，新活動就可以被設計出來。

說的，詢問個人問題與徵求業界或協會中「有力人士」意見的這個舉動會在他們之中逐漸產生一種歸屬感。當那些領袖對這個任務產生興趣時，行銷人員要接觸這些人的擁護者就能事半功倍。

改良活動行銷的評估方法

有效的行銷評估的趨勢直指有效率的紀錄（檔案儲存）、文件管理，並評估活動中每一個構成因子。知道整體的出席率是很有

益，要追蹤也容易。知道每一個活動的出席是比較好，但這也較難追蹤。這些答案能清楚指出出席者偏好與需求，且會在行銷訊息與活動安排上造成修改（有時候是些微，有時候引人注目）。成果紀錄是如何保存下來的呢？

文書管理

在建立活動成果的檔案系統時，請記得這個基本原則：每一樣東西幾乎都要記錄，從行銷過程開始到活動的最後評估都要做。在籌辦過程的關鍵時刻，精密複雜的電腦程式或許能幫助你以一種井然有序的方式永久保存、取回紀錄以供檢驗與比較。但是，電腦只能提供為了輸入而蒐集的資料，而且其準確度只與受測資訊的準確值相當。

行銷人員應該保留與活動有關的每樣東西的副本，還有郵寄或傳送的日期，以及每種媒體的回應程度也都要保存紀錄。回應的日期也很重要。解釋這個活動的歷史也相當重要。對活動籌劃者來說，知道贊助機構是否喜歡立即且正面回覆的宣傳是極其重要的。早些知道初期就接受邀請的人數（及登記的人數），那麼籌劃就會容易得多。但是，根據過去歷史看來，機構團體的目標群眾總是登記得晚，這就表示在籌劃與行銷上的其他挑戰。舉例來說，當回覆者通常在活動開始前幾週才登記，規劃還是可能的（如果不是壓力較大的）。

這些在購買決定上會產生極戲劇性的效果。舉例來說，若沒有一個具體、顯而易見的成果歷史與出席者展現的模式，要洽談精確的旅館房間大宗折扣、獲得食品與飲料的供貨保證、訂購供給品，以及想出後勤補給方面的細節幾乎是不可能的是。只有透過蒐集、

檔案管理與清楚地解釋那些活動供應商與表演者的滿意模式，才能獲得那些資料。

請考慮以下記錄出席模式的方法：

1. **門票收集**：許多團體利用票券做為參加主要活動的許可證。票券或許可以在入口或入席時收集。活動舉辦單位應該用顏色來為它們編碼（之後就容易分類）、計數與保存。許多行銷人員的大失敗就是在於收集門票之後，把它們綁在一起，放在辦公室的一個架子上，準備下一次的行銷活動中使用，後來卻忘記了它們的存在，任由它們堆積灰塵。它們是舊式，但卻是試過有用的出席概況「紙本」。

2. **計數器**：服務人員或許可以在活動入口處利用計數器或「響片」數人頭。儘管這個結果或許沒有收集票券來得正確，但是如果收集票券會在活動出入或餐點活動上造成延遲狀況時，計數方式就經常為人使用。

3. **觀察**：特別是較短會期及休息時間，在節目進行中簡單地觀察會場情況就能準確地估計出席程度，以及目標群眾對特定活動特色或主題區域的感興趣程度。

4. **抵達模式**：為了航空公司或過境抵達以及適當地為舉辦場地做準備，以配置預約與登記的桌子，我們必須追蹤抵達模式。這將受到許多因素的影響，如出席者所在地區的分佈情況與舉辦場所的地點（如西海岸／東海岸）、當週的日子、當天的時間、甚至精準到時刻。對企業會議來說，這是頗為例行的資料，因為旅行的安排通常是由公司預定的。對展覽會、節慶活動、頒獎晚宴與協會活動來說，這個情況就變得比較不確定。請記得，出席者並不受贊助機構的控制，會自己做旅行的安排。飯店通常會保存賓客住宿各方面的電腦資

料，包括抵達時間、要求的房間種類、預約卻沒有出現、在飯店的消費紀錄，以及離開時間（包括提早離開）。活動籌劃者可以要求該場所提供印有這些電腦資訊的流程圖，甚至請求他們每天提供，以便就地研究。

5. **離開模式**：與抵達模式所需的資料恰恰相反，離開模式也是同樣重要的。如果根據往例，半數的觀眾在閉幕晚宴之前就會離開活動場所，那麼行銷主管就面對了一個挑戰。解決方法或許有很多：加強閉幕夜的活動，增加會後的遊覽與特色活動，或舉行一個大抽獎或競標，這些都是有效回應問題的實例。這對於行動積極、能夠影響活動方案籌劃者的行銷人員而言，是一大挑戰。

不管需要累積的資料與使用方法是什麼，這些成果的模式必須被記錄、保存，然後用來預測未來的模式，並改善行銷策略，與活動供應商達到令人滿意的協商結果。

資料應該立即組織成圖表，以便快速、持續地分析結果。例如，收到的登記表應該每週（如果不是每日）記入日誌並保存，在數年的期間做一個「要徑」（critical path）分析。這將會影響宣傳時刻表與技巧。工作坊的出席情況應該依照主題、當日時間、當週日期做成圖表以建立模式。某些主題或許不受到已被吸引之目標群眾的歡迎。另一方面，它們或許會受到未受吸引之目標群眾的喜愛，這就增加了引人注目的行銷機會。在度假休閒名勝所舉行的活動經常在白天吸引許多參與者，但出席率到了下午就降低，因為人們會受到高爾夫球與網球的誘惑。在收集、評估參與模式的資料時，沒有任何細節是過於瑣碎而可以忽略的。

提供文件證明支持者的影響

　　許多活動的命脈是由贊助商、參展者、講者、名人、業界領袖
與其他機構伙伴所提供。適當地認可他們的支持是整體行銷過程的
一部分，以便讓他們適當地評估自己參與的價值。圖8-7中可以看到
一些使用過的策略。

- 贊助者出現時有攝影師在場，捕捉現場的動態，做為活動後
可放在卷宗裡的紀念品。

- 要攝影師拍下每個展覽攤位的照片，不管是展覽人員與他們
的買家交談時擺好的姿勢或是動態影像都可以。

- 安排支持者、贊助商與參展者接受專業媒體與消費者媒體的
訪問（場所不拘）。提供新聞室或講者休息室會有幫助。

- 為所有物件、新聞報導與會議通訊報導，以及提及贊助商與
參展者的廣告製作副本。請將這些文件放在卷宗裡。

- 贈送一個獎座、錄影帶感謝狀，或者至少給一份來自機構或
企業領袖的感謝函，感謝支持者的參與。

- 提供目標群眾人口數據的概況給支持者或贊助商，其中包括
出席者在公司或業界中的威望值、出席者的購買力，以及來
自出席者的讚美。

- 提醒贊助商可以增加贊助與受認可的程度。鼓勵他們在即將
到來的活動中擴展自己的贊助項目。

圖8-7　活動支持者不僅在尋求投資報酬，也希望在你的目標群眾面前獲得
　　　認可。活動行銷人員可以做許多事，來確保支持者會以參與此活動
　　　為榮，而且下次還會再來。

國際餐旅銷售與行銷協會在博覽會攤位拆卸的初期，展覽當局會贈送參展者與贊助商一個驚喜禮物，而且主要領袖與人員還會親身到每個攤位表達謝意。禮物通常是具創意的廣告物品，上頭印著感謝的文字及下次展覽的日期與場所來做提醒。現場提供酒品與清涼飲料，使得拆卸展覽的討厭工作變得較爲愉快。每年，參展者的反應都是感激（許多時候是驚奇）。他們鮮少受到這樣的對待，而這股善意反映在一年三次的展覽上，每年攤位全都售光。

以下是評估方法的最後五個訣竅：

1. 保存所有平面、影像、聲音以及其他媒體採購資料的副本。
2. 透過編碼或折價券的回覆表來追蹤每個媒體途徑的效度。按時間先後保存所有平面廣告、宣傳、新聞套件與公關稿的附件，並記錄每個媒體的回覆資料。
3. 核對放置的計畫表，並審核所有印刷媒體的流通，包括專業媒體。
4. 分析贈品廣告項目與贈品的效度。
5. 保存所有與合夥人和支持者所做的交叉促銷之副本與紀錄，以及在他們的社論式報導中提及活動的文章。

發展新的行銷策略以擊敗競爭對手

許多不太嚴謹的觀察家認爲，公司機構會議（人們被告知要參加，所以他們就去！）、協會會議（畢竟，他們一年只有這麼一次會議）、郡市集、頒獎晚宴與社區遊行，沒有眞正的外來威脅。這在某些個案中或許是眞的，但在許多例子中則不是這樣。

公司機構會議在可能也出售直接競爭者產品的業者與批發商中

爭取表現其忠誠。協會活動與相關的協會競爭，爭取會員的忠誠、時間與投資。郡或城市市集的競爭對手或許是將可能出席者帶離這個社區或地區的家庭夏季假期。

　　與任何活動競爭的關鍵就是分析這個競爭（不管競爭是直接或微妙），並且以行銷策略來回應才能在競爭中獲勝。顯然，方法五花八門，端看競爭所呈現的挑戰而定。以下分析競爭的一般範例會有所助益：

　　1. 依據下列幾點來比較你和競爭者的活動：

　　　　❏　成本／價格
　　　　❏　時機
　　　　❏　活動方案特色
　　　　❏　可量化的好處
　　　　❏　具影響力的人／目標群眾的人口數據
　　　　❏　需求（察覺到的與實際的）
　　　　❏　品質
　　　　❏　使用的行銷策略
　　　　❏　出席動向
　　　　❏　場所的地理位置分佈

　　這些與其他相關的比較應該畫成方格圖，用以比較自己與競爭對手的活動。用在每個比較上的評等系統可以是任何形式，只要你與分析師認為它有意義就行了〔例如，從一到十的級別，評等極差到極佳；或者是標示「E」、「G」、「F」與「P」的等級系統，代表極佳（excellent）、好（good）、尚可（fair）、極差（poor）〕。方格圖能使你了解到自己相對的強與弱，以及行銷策略中需要改進的區域。不要將過程過度複雜化！只要列出那些對你

來說重要的因素。使用其他人能了解的一個評量系統。最重要的是，一旦分析確定就「執行這個計畫！」它對使用者來說愈方便，它愈可能成為行銷活動中活用的文件資料，不僅容易做出反應且與改變市場狀況息息相關。若能在電腦上維護這個工具對於取用與修改最有幫助，但對這並不是必要的。對那些不管因何種原因，覺得電腦在使用與比較運用上造成其障礙的人來說，手製圖表就足夠了。然後，將這個圖表存檔做為年復一年的參考資料。

2. 透過市場研究與分析來質疑自己的產品與市場：

☐ 在直接信函、廣告與公共關係的哪些方面是最成功的？最不成功的又是哪些？

☐ 對出席者最重要的活動要素是哪些？

☐ 哪些活動要素只吸引少量回應？為什麼？

☐ 哪個目標市場所產生的銷量最少？為什麼？

☐ 你能增加哪個新特色（不同於競爭對手）來改善參與不踴躍的部分？哪些舊特色可以淘汰？

☐ 在下次的活動中，你會運用哪些其他的宣傳工具來突破現況？

再次重申，針對自己與行銷團隊的問題是開放且不受限制的。但是，只問有意義的問題。要抵抗想過度複雜化的衝動，避免進而使你的分析師感到困惑，預先受制。

3. 將「情勢」（SWOT）分析應用在與競爭對手的所有比較上： 比較「優勢、弱點、機會、威脅」可以使方格圖與圖表更為豐富，並且使你對原本呈現出的呆板輪廓做出更有意義的反應。行銷人員經常發現，追尋某個目標群眾是無益的行動，或許只是出於習慣或傳統而堅守著。在行銷業中，「不要因為不好的前景而拋棄

好產品」是一個古老卻有價值的格言。然而，在放棄一個市場之前，先詢問另一個重要的問題：「這些負面市場情況將會持續多久？」請記得，每個機構與行業都有其生命週期，許多都有優勢（Strength）與弱點（Weakness）的持續消長。這些流動的情況驅動著你在長期的行銷努力中將會遇到的機會（Opportunity）與威脅（Threat）──「情勢」（SWOT）。再次將它寫下來。

　　沿街賣藥的時代已經過去了。與社群無長久關係的過路人在馬車後將藥品賣給群眾的事已不復見。行銷不僅已經成為一種科學，也是一種藝術。它將對人類的了解融合在科學分析與高科技執行之中。行銷執行者需要了解這些特性的細微差別，並能將它們併入一個有效的戰略計畫之中，而這個計畫將確認、接觸並滿足顧客與目標群眾的價值、渴望與需求。在這最後的分析中，「滿足」這個詞是所有行銷努力中的關鍵要素。顧客如果不滿意，也就是說無法交付所承諾的產品，那麼未來的行銷努力或許會很令人氣餒（如果不是毫無結果的話）。因為這個原因，不僅必須將行銷認定為一個附屬部分，它也必須是產品、活動設計與機構本身策略管理中不可或缺的一部分。受到啓發的機構會這麼做。那些不這麼做的機構將會在自己的競爭分析中發現弱點多於優勢，威脅多於機會。

你是活動行銷的未來之星

　　根據芭芭拉‧摩西（Barbara Moses）的說法，為了要防止自己的事業受到經濟衰退的影響，你必須用十二種策略來應付好壞時機。摩西建議，個人必須掌握自己的事業，確保自己的就業能力，創造出一個退可守的位置，了解自己的主要技能，準備好各方面的

才能，有效地行銷，表現出A型的行動，但做一個B型的人，建立情緒彈性，掌握文化脈動，成爲一個令人嘆服的溝通者，增強財務狀況，行事要像內部人士，但思考要像個局外人，最後，獎賞自己。

　　同樣的原則可輕易地應用在機構的活動服務與產品上。活動是一個充滿生氣、會呼吸，但卻是短暫的事業，需要一個複合式的方法來確保行銷結果的成功。摩西附加一句，「不管我們是從事傳統的全職工作，或是派遣、契約或自由勞工，我們都在這個短暫世界中生活、工作。在短暫世界中，所有的事物都會變動。」

　　做爲一位專業的活動行銷人員，你每一刻都生活在一個短暫的世界裡。911的事件提醒我們，這個短暫世界是多麼地脆弱。因此，若你能夠利用本書所提出的原則，有效地分析、設計、規劃、協調與評估活動行銷策略，最終不僅能決定你是否成功，實際上也會影響許多其他活動的成功與否。你不僅是在行銷單一或數個活動，最終也將負起協助行銷整個活動業界的責任。應用此書中的原則，你已經就位，即將獲得你所應得的成功。誰知道，你出席的下一個活動可能就是以你之名舉辦的慶祝活動，表彰你身爲專業活動行銷人員的傑出成就。你不僅能獲得自己應得的讚許，也能藉由吸引其他想學習你的現代活動行銷秘訣的人來繼續行銷這個活動。希望你利用這些行銷秘訣在新的千禧年及之後幫助我們所有人提高全球活動行銷的水準與影響。

總結

　　在這一章中，你已經了解到發展一個持續進行的競爭分析的好處，這個分析大部分是從比較你的產品與競爭者產品所面臨的優

勢、弱點、機會與威脅而來。對成本、時機、產品區別與所服務市場的比較是眾多考量的一部分，端視活動的性質與它目前所佔有的市場而定。對於發展有效的競爭監控與建立行銷方法而言，管理、產品 節目設計者與專業行銷人員的共同努力至為重要；這些都將增強活動的優勢並減少弱點。同樣重要的是必須記錄結果，這個紀錄不僅是為了你的活動本身而做，這也是為了所有的節目參與者而做。舉例來說，在維持並增加來年的贊助方面，證明贊助價值的證據是不可或缺的。對吸引新出席者來說，來自滿意的參與者的推薦是無價的。文件管理的基本要件就是仔細的維持、分析與記錄所有日期，以便在盛衰週期之初判斷競爭趨勢，並且有效地對這些趨勢做出回應。

前線交鋒的故事

有個協會在東海岸成功舉辦了一場展覽，他們有興趣在西海岸擴展第二個商展。在廣泛地檢視優勢、弱點、機會、威脅（SWOT）因素之後，他們發現自己並不是想出這個點子的第一人。因為在他們的業界，加州是相當有利可圖的市場，因此目前已經有五個類似的企業贊助展覽在同樣區域開辦，並獲致不同程度的成功。競爭相當激烈，而且此領域相當擁擠。這根本不是一隻小幼鳥從巢裡冒出頭，跟蹌跌到田野中的時機。這個點子並不是被丟棄，只是因為持續競爭分析而暫時打住。「讓我們坐著觀望一會兒」是一句箴言。

針對競爭者而做的圖表與方格圖一直維持、更新並記錄，以便將來做比較用。針對其他贊助公司及其加州展覽的表現概況收集周密的行銷情報。他們發現了數個有趣的趨勢。

　　七年之後，原來的五個展覽剩下一個。持續的評估顯示，爭取買家的市場已經過份飽和，各家在一年中過短的時間內安排過多活動彼此競爭，所有的展覽都位於幾個大城市的鬧區，而節目具重複性。市場分析師與管理階層決定鳥兒離巢的時間成熟了，於是在加州開業。

　　他們選擇了一年中的月份，與僅存的競爭者的活動相隔了六個月。他們分析地點，並選定一個有絕佳設備的二級城市，並且靠近一個具有方便交通系統的大機場。他們不僅提供新穎的節目特點，還包括一些誘因，如新車贈品、以折扣價銷售業界文獻資料的熱鬧書店。

　　這個展覽不再是一隻菜鳥。在四年謹慎維持買家─賣家平衡比例的成長之後，這個協會有了一項穩固的產品、一個擁有出席者與會員的新市場，以及一張列著想要租用攤位的後備廠商列表。有時候，偉大的事物不是一夜之間形成的。當分析師認真地追蹤自己的資料，然後在正確的時間做出回應，它們就會成形。

問題討論

1. 你的機構要求要你增加活動贊助商的數目。你會採用哪些步驟來找出新贊助商，證明贊助價值，並利用這個支持度的增加來促使現有贊助商提高其贊助程度？

2. 為市場的人口統計數據與心理特性描述的分析做圖表。在客源大部分是Y世代（在二次大戰期間或之後出生的人）與新興的X世代的市場區段之間，你會舉出哪些重大的價值觀與行為差異？

附錄 *A*
向新聞媒體推廣夏日小鎮的慶典活動

新聞媒體通訊格式及媒體新聞稿範例

　　印第安那州一個虛構小鎮要舉辦一個特別活動，以下是組成其多面向宣傳活動的主要項目。這個宣傳活動包括平面與電子媒體，以及市民代表、贊助商和受獎者。

1. 個人信函範例
2. 新聞稿範例
3. 延請媒體報導範例
4. 演講者「演說重點」範例
5. 提供拍攝機會範例
6. 影片新聞稿範例
7. 錄音新聞稿範例
8. 公共服務宣言範例

63 N. Tascoe Drive
New Bedsfield, IN 41625
301-862-9700
FAX 301-862-1319
accolade@zypher.com

November 24, 2001

Mr. Jeffrey Baumgartner
News Editor
Summerville Daily Banner
14216 Edison Blvd.
Summerville, IN 41256

Dear Jeff,

You and I have talked about my involvement in producing the First Annual Founder's
Day Parade in Summerville, July 30, 2002, as well as the "Town Festival and Fireworks
Frenzy" that will follow that evening.

I'm delighted to say that we have assembled a terrific planning committee, led by Iona
Rogers of the Town Council. Her vision for the events to be held in our inaugural
Founder's Day festivities is extraordinary, and our plans are well enough along to make
some of the more exciting features public. While we will be holding news conferences
and issuing further information as we get closer to the dates, I thought you may be
interested in not only the events being planned but also her impressions of the positive
impact this event will have on the community for years to come.

I would deeply appreciate a call from you or the reporter to whom you assign the story, in
order to arrange an interview with Councilwoman Rogers.

Let me know which dates are most convenient for you or your reporter, and I will
coordinate those times with Mrs. Rogers. If you need more information or would like to
schedule the interview, please call me on my personal line at 301-862-9711.

Best Personal Regards,

Leonard H. Hoyle
President

附錄 $\mathcal{A}$

63 N. Tascoe Drive
New Bedsfield, IN 41625
301-862-9700
FAX 301-862-1319
accolade@zypher.com

NEWS RELEASE

FOR IMMEDIATE RELEASE:

For More Information Call:
Barry Archibald
301-862-9716

Summerville's Founders' Day Festivities Scheduled for July 30, 2002

(Summerville, IN, Mar. 20, 2002) --- The **First Annual Founders' Day Parade** will celebrate the 1892 founding of Summerville, IN, on July 30, 2002 featuring bands, floats, dignitaries and cheering crowds filling the heart of the community's downtown area. Mayor Justin Sansibald called the event a "long overdue recognition of our pride in our town, and its rich history."

The daylong series of events will be highlighted by the parade, from 2 p.m. to 4:30 p.m., followed by the Summerville **"Town Festival and Fireworks Frenzy"** at the County Fairgrounds. Food, entertainment and family fun will bring the Fairgrounds to life from 5:30 p.m. until the fireworks begin at 9 p.m. Details of the parade and festival will be announced at a press conference on April 13 by Town Councilwoman Iona Rogers, chair of the Planning Committee.

"Interest in this event is amazing," said Rogers, adding that "we expect more than 20 marching bands, at least two dozen floats, clowns, and fire engines from communities throughout the state." Admission to the parade, festival and fireworks will be free, she said.

# # #

63 N. Tascoe Drive
New Bedsfield, IN 41625
301-862-9700
FAX 301-862-1319
accolade@zypher.com

REQUEST FOR MEDIA COVERAGE

Press Conference Scheduled to Announce
Details of Summerville Founders' Day Festival

WHAT: A **Press Conference** announcing details of Summerville, Indiana's **First Annual Founders' Day Parade** and **"Town Festival and Fireworks Frenzy."** Press kits will be distributed and speakers will cover details of the events, which are expected to draw more than 15,000 attendees and numerous bands, floats, dignitaries and special marching groups. Festival arrangements for print, broadcast and electronic media coverage will be announced. A question and answer session will follow.

WHEN: April 13, 2002. Press conference begins at 10:30 a.m. with a light brunch. It is anticipated that the conference will conclude by 12 noon.

WHERE: Summerville Town Center, 1362 Broad Street, with the conference taking place in Community Hall on the first floor.

WHO: Key speakers will include Summerville Mayor Justin Sansibald, and Planning Committee Chair Iona Rogers, Town Councilwoman. Other city officials will be on hand as well, including Police Chief Rogers Laraby, Fire Chief Bruce Lichter and Director of Public Works Brenda Flemeister.

CONTACT: Barry Archibald at 301-862-9716 for any special requirements to cover the press conference. Risers will be available for television and broadcast equipment. Podium and cordless microphones will be provided. Special electrical, cable and lighting requirements should be requested by April 4, 2002.

# # #

63 No. Tascoe Drive
New Bedsfield, IN 41625
301-862-9700
FAX 301-862-1319
accolade@zypher.com

SPEAKER'S "TALKING POINTS"

TO: Councilwoman Iona Rogers

RE: These are **Key Points** to cover during your remarks at the Press
Conference on Summerville Founders' Day activities.
(Please be at Summerville Town Center no later than 10 a.m.
April 13, 2002. Conference begins at 10:30. Location will be in
Community Hall, first floor of the Center)

KEY POINTS TO COVER IN OPENING REMARKS:

- SUMMERVILLE WILL BE 110 YEARS OLD ON JULY 30!

- PARADE BEGINS AT 2:00 PM, ENDS AT 4:30 PM

- "TOWN FESTIVAL" BEGINS 5:30 PM AT FAIRGROUNDS

- PARADE MARSHALLS: DORA SANDERS & THE MAYOR

- FREE ADMISSION. FOOD/BEVERAGES NOMINAL COST

- EXPECT 15,000 – 20,000 FROM AROUND THE REGION

- REVENUE GENERATED FOR MERCHANTS: $300,000

- EACH SUCCEEDING ANNUAL FESTIVAL WILL GROW

- PRESS CREDENTIALS WILL BE MAILED TO YOU

- CALL MY OFFICE FOR ANY ASSISTANCE YOU NEED

活動行銷

63 N. Tascoe Drive
New Bedsfield, IN 41625
301-862-9700
FAX 301-862-1319
accolade@zypher.com

PHOTO-VIDEO OPPORTUNITY

TO: Program Directors
News Directors
Assignments Editors

WHAT: A special presentation of historical documents commemorating the founding of Summerville, IN, in 1892.

WHO: Dora Sanders, great-great granddaughter of Samuel Summer, will present Mayor Justin Sansibald with the original diary of the town's founder, describing his experiences as his inn and trading post formed the core of an infant community. Also included among the memorabilia are personal letters, illustrations, and real estate deeds and documents. Other civic leaders will be on hand for the ceremonies.

WHERE: Summerville Town Center, 1362 Broad Street. The presentations will be staged in the ground floor foyer.

WHEN: May 15, 2002 at 10 a.m. The presentations will last about 15 minutes, including short remarks. Mrs. Sanders, the Mayor and others will remain for any individual interviews requested.

WHY: The Town Council is working on a plan to archive the historical documents on display in a public area of the Summerville Town Center, in recognition of the First Annual Founders' Day Parade scheduled for July 30, 2002.

CONTACT: Barry Archibald at 301-862-9716 for further details.

附錄 *A*

63 N. Tascoe Drive
New Bedsfield, IN 41625
301-862-9700
FAX 301-862-1319
accolade@zypher.com

VIDEO NEWS RELEASE

TO: Chad Bartow, News Director, WSUM-TV

CONTACT: Barry Archibald, Press Coordinator, **Summerville Founders' Day Festivities**, 301-862-9716

DATE: June 20, 2002

On behalf of the Planning Committee for the July 30 Summerville Founders' Day Parade, Festival and Fireworks, we have prepared a video featuring interviews with Mayor Justin Sansibald and Town Councilwoman Iona Rogers, Planning Committee Chair. **The video will be hand-delivered to you on July 10, 2002.** It is designed in segments for easy editing and presentation during a series of newscasts or programs, or it can be presented in its entirety (a seamless version with segues is also provided on the videotape). Total running time: 6:10

Segment 1: (1:10) Mayor Sansibald interview in his office.

Segment 2: (1:15) Councilwoman Rogers on location at Parade sites, with graphics of Parade route and parking locations.

Segment 3: (1:35) Mayor Sansibald and Ms. Rogers on location at County Fairgrounds, with graphics of Festival and Fireworks locations.

Segment 4: (1:25) Interviews with local sponsors who are providing water stations, first aid stations, signs, banners, and food stations.

Segment 5: (:45) "Man on the Street" interviews about festivities.

63 N. Tascoe Drive
New Bedsfield, IN 41625
301-862-9700
FAX 301-862-1319
accolade@zypher.com

AUDIO NEWS RELEASE

TO: Bonnie Carter
Dir., Local Public Affairs Programming WNOW Radio

CONTACT: Barry Archibald, Press Coordinator, **Summerville Founders' Day Festivities**, 301-862-9716

DATE: June 21, 2002

On behalf of the Planning Committee for the July 30 Summerville Founders' Day Parade, Festival and Fireworks, we have prepared an audio tape featuring an interview with Dora Sanders, great-great granddaughter of Samuel Summer. **The audio taped interview will be delivered to you on July 10, 2002.** Your listeners will be fascinated by her descriptions of the memorabilia handed down to her through the generations. She paints a vivid portrait of the birth of Summerville through the founder's diaries, letters, and business documents.

RUNNING TIME: (4:10)

FORMAT: May be segmented into several interviews. Mrs. Sanders discusses the history of Summerville; reads from and cites passages in the founder's documents; describes his original trading post and inn and the settlers it attracted, and talks about the importance of the commemoration to the community and the Summer descendants.

RELEASE: At your convenience after July 10.

附錄 *A*

63 N. Tascoe Drive
New Bedsfield, IN 41625
301-862-9700
FAX 301-862-1319
accolade@zypher.com

PUBLIC SERVICE ANNOUNCEMENT

TO: Public Service Director   **CONTACT:** Barry Archibald
                                                   301-862-9716

:30 Seconds. Please run 7/15/02 through 7/30/02

DID YOU REALIZE THAT OUR TOWN OF SUMMERVILLE IS 110

YEARS OLD ON JULY 30? ON THIS SAME DATE IN 1892,

SAMUEL SUMMER ESTABLISHED HIS TRADING POST AND INN

AT THE CROSSROADS OF AMERICA'S MIDWEST, AND

SUMMERVILLE WAS BORN! WE'RE CELEBRATING THIS JULY

30 WITH THE FIRST ANNUAL "FOUNDERS' DAY PARADE"

DOWN BROAD STREET…FOLLOWED BY THE "TOWN

FESTIVAL AND FIREWORKS FRENZY" AT THE COUNTY

FAIRGROUNDS. THERE'LL BE PLENTY OF FOOD, FUN AND

FIREWORKS FOR THE WHOLE FAMILY! SEE YOU AT THE

PARADE AT 2 P.M. JULY 30TH!

附録 *B*
資源

媒體播送服務

Burrelle's. Media monitoring for the digital age. http://www.burrelles.com.

Go Press Release. Specializes in press release writing and distribution. http://www.gopressrelease.com.

Internet News Bureau.com (INB). Online press release services for businesses and journalists. http://www.newsbureau.com.

Internet Wire. An Internet-based distributor of direct company news and other business communications materials. http://www.internetwire.com.

PIMS. Helps public relations professionals gain maximum benefits from their media campaigns. http://www.pimsinc.com.

Press-Release-Writing.com. Specializes in press release writing and press release distribution to media outlets. Also includes tips and resources for writing releases. http://www.press-release-writing.com.

活動行銷協會 / 學會

American Marketing Association
311 South Wacker Drive
Suite 5800
Chicago, IL 60606
(800) AMA-1150
http://www.ama.org
A comprehensive professional society of marketers.

American Society of Association Executives
1575 I Street, NW
Washington, DC 20005
Phone: (202) 626-2723
Fax: (202) 371-0870
http://www.asaenet.org
Dedicated to enhancing the

professionalism and competency of association executives.

Association for Convention Operations Management (ACOM)
2965 Flowers Road South
Suite 105
Atlanta, GA 30341
Phone: (770) 454-9411
Fax: (770) 458-3314
http://www.acomonline.org
An international association for convention professionals.

Association of Convention Marketing Executives
1819 Peachtree Street, NE
Suite 712
Atlanta, GA 30309
(404) 355-2400
A professional trade association whose members are professional convention marketing executives.

Business Marketing Association
400 North Michigan Avenue, 15th Floor
Chicago, IL 60611
(800) 664-4BMA (4262)
http://www.marketing.org
The professional trade association that serves the professional, educational, and career development needs of business-to-business marketers.

Center for Exhibition Industry Research (CEIR)
2301 Lake Shore Drive
Suite E1002
Chicago, IL 60616
Phone: (312) 808-CEIR (2347)
Fax: (312) 949-EIPC (3472)

http://www.ceir.org
The primary research, information, and promotional arm of the exhibition industry worldwide.

Convention Industry Council (CIC)
8201 Greensboro Drive
Suite 300
McLean, VA 22102
Phone: (703) 610-9030
Fax: (703) 610-9005
http://www.c-l-c.org
Composed of leading national and international organizations involved in the meetings, conventions, expositions, and travel and tourism industries.

Exhibit Designers and Producers Association (EDPA)
5775 Peachtree-Dunwoody Road
Suite 500-G
Atlanta, GA 30342-1507
Phone: (404) 303-7310
Fax: (404) 252-0774
http://www.edpa.com
Members include exhibit designers, producers, systems manufacturers/marketers, show service contractors, exhibit transportation companies, and many other organizations that provide products or services to the exhibit industry.

Exposition Service Contractors Association (ESCA)
40 South Houston Street
Suite 210
Dallas, TX 75202
Phone: (214) 742-9217

Fax: (214) 741-2519
http://www.esca.org
The professional organization of
firms engaged in the provision
of materials and/or services
for trade shows, conventions,
exhibitions, and sales
meetings.

**Hospitality Sales and Marketing
Association International
(HSMAI)**
1300 L Street, NW
Suite 800
Washington, DC 20005
(202) 789-0089
http://www.hsmai.org
A professional trade association
whose members are professional
salespeople in the hotel,
convention center, and hospitality
industry and those who provide
services and products for this
industry.

**International Association of
Conference Centers (IACC)**
243 North Lindbergh Boulevard
Suite 315
St. Louis, MO 63141
Phone: (314) 993-8575
Fax: (314) 993-8919
http://www.iacconline.com
Advances the understanding and
awareness of conference centers
as distinct and unique within the
hospitality industry.

**International Association for
Exhibition Management (IAEM)**
5001 LBJ Freeway
Suite 350
Dallas, TX 75244
Phone: (972) 458-8002

Fax: (972) 458-8119
http://www.iaem.org
A professional association
involved in the management and
support of the global exposition
industry.

**International Communications
Industries Association (ICIA)**
3150 Spring Street
Fairfax, VA 22031
(703) 273-7200
The professional trade
association whose members
provide communications
services.

**International Special Events
Society**
9202 North Meridian Street
Suite 200
Indianapolis, IN 46260-1810
(800) 688-ISES
The only umbrella organization
representing all aspects of the
special events industry.

**Meeting Professionals
International (MPI)**
4455 LBJ Freeway
Suite 1200
Dallas, TX 75244
Phone: (972) 702-3005
Fax: (972) 702-3036
http://www.mpiweb.org
Serves the diverse needs of all
people with direct interest in the
outcome of meetings, educating
and preparing members for their
changing roles and validating
relevant knowledge and skills, as
well as demonstrating a
commitment to excellence in
meetings.

National Association of Catering Executives (NACE)
5565 Sterrett Drive
Suite 328
Columbia, MD 21045
Phone: (410) 997-9055
Fax: (410) 997-8834
http://www.nace.net
A professional association for caterers in all disciplines and their affiliate vendors.

Professional Convention Management Association (PCMA)
2301 South Lake Shore Drive
Suite 1001
Chicago, IL 60616
Phone: (312) 423-7262
Fax: (312) 423-7222
http://www.pcma.org
Serves the association community by enhancing the effectiveness of meetings, conventions, and exhibitions through member and industry education and by promoting the value of the meetings industry to the general public.

Public Relations Society of America (PRSA)
33 Irvin Place
New York, NY 10003
(212) 995-2230
http://www.prsa.org
The professional trade association whose members are involved in public relations activities or supply goods and services for this profession.

Religious Conference Management Association
One RCA Dome
Suite 120
Indianapolis, IN 46225

Phone: (317) 632-1888
Fax: (317) 632-7909
Serves members planning and marketing conventions and events for religious organizations worldwide.

Society of Corporate Meeting Professionals (SCMP)
2965 Flowers Road South
Suite 105
Atlanta, GA 30341
Phone: (770) 457-9212
Fax: (770) 458-3314
http://www.scmp.org
Membership consists of corporate meeting professionals and convention/service professionals.

Trade Show Exhibitors Association (TSEA)
5501 Backlick Road
Suite 105
Springfield, VA 22151
Phone: (703) 941-3725
Fax: (703) 941-8275
http://www.tsea.org
Provides information to management professionals who utilize the trade show and event medium to promote and sell their products, as well as those who supply them with products and services.

Travel Industry Association of America (TIA)
1100 New York Avenue, NW
Washington, DC 20005
(202) 408-8422
http://www.tia.org
The professional trade association whose members promote, market, research, and provide information about the travel industry.

媒體追蹤服務

Ask Network. Tracks press coverage of clients or competitors, industry, or business topics for any time period. **http://www.knowledgespace.com.**

Research on Demand. A fee-based research service, accessing public and private databases worldwide; includes media tracking services. **http://www.researchondemand.com.**

Sabela. Independent ad serving, tracking, and analysis. **http://us.www.sabela.com.**

Track Star. Offers online ad tracking and reporting services to effectively measure the success of online marketing efforts. **http://www.vitabella.com.**

TVEyes.com. Specializes in highly automated, instant-alert media tracking services for Internet users. **http://www.tveyes.com.**

活動行銷書籍

Association of National Advertisers Event Marketing Committee (1995). *Event Marketing: A Management Guide.* New York: Association of National Advertisers.

Astroff, M. T., and Abbey, J. R. (1995). *Convention Sales and Services,* 4th ed. Cranbury, NJ: Waterbury Press.

Baghot, R., and Nuttall, G. (1990). *Sponsorship, Endorsements and Merchandising: A Practical Guide.* London: Waterloo.

Bergin, R., and Hempel, E. (1990). *Sponsorship and the Arts: A Practical Guide to Corporate Sponsorship of the Performing and Visual Arts.* Evanston, IL: Entertainment Resource Group.

Catherwood, D. W., and Van Kirk, R. L. (1992). *The Complete Guide to Special Event Management: Business Insights, Financial Advice, and Successful Strategies from Ernst & Young, Advisors to the Olympics, the Emmy Awards and the PGA Tour.* New York: John Wiley & Sons.

Cohen, W. A. (1987). *Developing a Winning Marketing Plan.* New York: John Wiley & Sons.

Dance, J. (1994). *How to Get the Most Out of Sales Meetings.* Lincolnwood, IL: NTC Business Books.

Davidson, J. P., and Fay, G. A. (1991). *Selling to Giants: A Key to Become a Key Supplier to Large Corporations.* New York: McGraw-Hill.

Delacorte, T., Kimsey, J., and Halas, S. (1981). *How to Get Free Press: A Do-It-Yourself Guide to Promote Your Interests, Organizations or Business.* San Francisco: Harbor.

Flanagan, J. (1993). *Successful Fund Raising: A Complete Handbook for Volunteers and Professionals.* Chicago: Contemporary Books.

Gartell, R. B. (1994). *Destination Marketing for Convention and Visitor Bureaus,* 2nd ed. Dubuque, IA: Kendall/Hunt.

Global Media Commission Staff (1988). *Sponsorship: Its Role and Effect.* New York: International Advertising Association.

Goldblatt, J. J. (1996). *The Best Practices in Modern Event Management.* New York: John Wiley & Sons.

Goldblatt, J., and McKibben, C. (1996). *The Dictionary of Event Management.* New York: Van Nostrand-Reinhold.

Graham, S., Goldblatt, J. J., and Delpy, L. (1995). *The Ultimate Guide to Sport Event Management and Marketing.* Chicago: Irwin.

Greier, T. (1986). *Make Your Events Special: How to Produce Successful Special Events for Non-Profit Organizations.* New York: Folkworks.

Harris, T. L. (1991). *The Marketer's Guide to Public Relations: How Today's Top Companies Are Using the New PR to Gain a Competitive Edge.* New York: John Wiley & Sons.

International Association of Business Communicators (1990). *Special Events Marketing.* San Francisco: International Association of Business Communicators.

International Events Group (1995). *Evaluation: How to Help Sponsors Measure Return on Investment.* Chicago: International Events Group.

International Events Group (1995). *Media Sponsorship: Structuring Deals with Newspaper, Magazine, Radio and TV Sponsors.* Chicago: International Events Group.

Jeweler, S., and Goldblatt, J. (2000). *The Event Management Certificate Program Event Sponsorship.* Washington, DC: George Washington University.

Kawasaki, G. (1991). *Selling the Dream: How to Promote Your Product, Company or Ideas—and Make a Difference—Using Everyday Evangelism.* New York: Harper Collins.

Keegan, P. B. (1990). *Fundraising for Non-Profits.* New York: Harper Perennial.

Kurdle, A. E., and Sandler, M. (1995). *Public Relations for Hospitality Managers.* New York: John Wiley & Sons.

Martin, E. L. (1992). *Festival Sponsorship Legal Issues.* Port Angeles, WA: International Festivals Association.

National Association of Broadcasters (1991). *A Broadcaster's Guide to Special Events and Sponsorship Risk Management.* Washington, DC: National Association of Broadcasters.

Plessner, G. M. (1980). *The Encyclopedia of Fund Raising: Testimonial Dinner and Luncheon Management Manual.* Arcadia, CA: Fund Raisers, Inc.

Quain, B. (1993). *Selling Your Services to the Meetings Market.* Dallas: Meeting Professionals International.

Reed, M. H. (1989). *IEG Legal Guide to Sponsorship*. Chicago: International Events Group.

Schmader, S. W., and Jackson, R. (1990). *Special Events: Inside and Out: A "How-to" Approach to Event Production, Marketing, and Sponsorship*. Champaign, IL: Sagamore Publishing.

Schreibner, A. L., and Lenson, B. (1994). *Lifestyle and Event Marketing: Building the New Customer Partnership*. New York: McGraw-Hill.

Shaw, M. (1990). *Convention Sales: A Book of Readings*. East Lansing, MI: Educational Institute of the American Hotel & Motel Association.

Sheerin, M. (1984). *How to Raise Top Dollars for Special Events*. Hartsdale, NY: Public Service Materials Center.

Shenson, H. L. (1990). *How to Develop and Promote Successful Seminars and Workshops: A Definitive Guide to Creating and Marketing Seminars, Classes and Conferences*. New York: John Wiley & Sons.

Simerly, R. (1990). *Planning and Marketing Conferences and Workshops: Tips, Tools, and Techniques*. San Francisco: Jossey-Bass.

Simerly, R. G. (1993). *Strategic Financial Management for Conferences, Workshops, and Meetings*. San Francisco: Jossey-Bass.

Soares, E. J. (1991). *Promotional Feats: The Role of Planned Events in the Marketing Communications Mix*. New York: Quirum Books.

Ukman, L. (1999). *IEG's Complete Guide to Sponsorship*. Chicago: International Events Group.

Waldorf, J., and Rutherford-Silvers, J. (2000). *The Event Management Certificate Program Sport Event Management and Marketing*. Washington, DC: George Washington University.

Wilkinson, D. *A Guide to Effective Event Management and Marketing*. Willowdale, Ontario: Event Management and Marketing Institute.

Williams, W. (1994). *User Friendly Fundraising: A Step-by-Step Guide to Profitable Special Events*. Alexander, NC: WorldComm.

Wolf, T. (1983). *Presenting Performances: A Handbook for Sponsors*. New York: American Council of the Arts.

Wolfson, S. M. (1995). *The Meeting Planner's Complete Guide to Negotiating: You Can Get What You Want*. Kansas City, MO: Institute for Meeting and Conference Management.

活動行銷期刊

Advertising Age. Weekly, by Bill Publications, Chicago.

Agenda New York. Annually, by Agenda USA, Inc., 686 Third Avenue, New York, NY 10017; (800) 523-1233.

Association Meetings. Bimonthly, by Adams/Laux Publishing Company, 63 Great Road, Maynard, MA 01754; (508) 897-5552.

Conference and Association World. Bimonthly, by ACE International,

Riverside House, High Street, Huntingdon, Cambridgeshire PE18 6SG, England; (0480) 457595; international, 011 44 1480 457595.

Conference and Expositions International. Monthly, by International Trade Publications Ltd., Queensway House, 2 Queensway, Redhill, Surrey RH1 1QS, England; (0737) 768611; international, 011 44 1737 768611.

Conference & Incentive Management. Bimonthly, by CIM Verlag für Conference, Incentive & Travel Management GmBH, Nordkanalstrasse 36, D-20097 Hamburg, Germany; international, 40 237 1405.

Convene. Ten times a year, by Professional Convention Management Association, 100 Vestavia Office Park, Suite 220, Birmingham, AL 35216-9970; (205) 978-4911.

Conventions and Expositions. Bimonthly, by Conventions and Expositions Section of the American Society of Association Executives, 1575 I Street, NW, Washington, DC 20005; (202) 626-2769.

Corporate and Incentive Travel. Monthly, by Coastal Communications Corporation, 488 Madison Avenue, New York, NY 10022; (212) 888-1500.

Corporate Meetings and Incentives. Bimonthly, by the Laux Company, 63 Great Road, Maynard, MA 01754; (508) 897-5552.

Corporate Travel. Monthly, by Miller Freeman, Inc., 1515 Broadway, New York, NY 10036; (212) 626-2501.

Delegates. Monthly, by Audrey Brindsley, Premier House, 10 Greycoat Place, London SW1P 1SB, England; (0712) 228866.

Entertainment Marketing Letter. Twelve times a year, by EPM Communications, Inc., 488 East 18th Street, Brooklyn, NY 11226-6702; (718) 469-9330.

Events. Bimonthly, by April Harris, published by Harris Communications, Madison, AL.

Events Magazine. Monthly, 1080 North Delaware Street, Suite 1700, Philadelphia, PA 19125; (215) 426-7800.

Event Solutions. Monthly, by Virgo Publishing, Inc., Phoenix, AZ; (602) 990-1101.

Events USA. Suite 301, 386 Park Avenue South, New York, NY 10016; (212) 684-2222.

Event World. Monthly by International Special Events Society, Indianapolis, IN.

Festival Management & Event Tourism. Quarterly, by Cognizant Communication Corp., 3 Hartsdale Road, Elmsford, NY 10523-3701.

Incentive. Monthly, by Bill Communications, Inc., 770 Broadway, New York, NY 10003; (646) 654-4500.

M&C Meetings and Conventions. By News American Publishing, Inc., 747 Third Avenue, New York, NY 10017.

Marketing Review. By Hospitality Sales and Marketing Association International, 1400 K Street, NW, Suite 810, Washington, DC 20005.

The Meeting Manager. By Meeting Professionals International, 1950 Stemmons Freeway, Dallas, TX 75207.

Meeting News. By Gralla Publications, 1515 Broadway, New York, NY 10036.

Public Relations Journal. 845 Third Avenue, New York, NY 10022.

Religious Conference Manager Magazine, published seven times a year by PRIMEDIA, 175 Nature Valley Place, Owatonna, MN 55060 507-455-2136.

Sales and Marketing Management. Fifteen times a year, by Bill Communications, Inc., 770 Broadway, New York, NY 10003; (646) 654-4500.

Special Events Forum. Six times annually, by Dave Nelson, 1973 Schrader Drive, San Jose, CA 95124.

Special Events Magazine. Monthly, by PRIMEDIA, 1440 Broadway, New York, NY 10018.

Successful Meetings. Thirteen times a year, by Goldstein and Associates, Inc., 1150 Yale Street, #12, Santa Monica, CA 90403; (310) 828-1309.

Tradeshow Week. Weekly, by Tradeshow Week, 12233 West Olympic Boulevard, #236, Los Angeles, CA 90064; (310) 826-5696.

*e*化行銷服務

Aelana Interactive Multimedia Development. http://www.aelana.com.

Aspen Media. Creative solutions for the digital age. http://www.aspenmedia.com.

Bay Area Marketing. Specializes in Web design, site promotion, hosting, and more. http://www.bayareamarketing.com.

d2m Interactive. A full-service Web development company that offers custom Web site design, Web presence management, Internet marketing services, and electronic commerce solutions. http://www.d2m.com/index2.html.

Desktop Innovations. http://www.desktopinnovations.com.

Digital Rose. Specializes in Web site design, Internet publications, and digital photography and marketing. http://www.digital-rose.com.

Electronic Marketing Group. http://www.empg.com.

Imirage, E-business. Technology and interactive marketing solutions. http://www.imirage.com.

Impact Studio. Uses the Internet, CD-ROM, and digital video to create electronic marketing campaigns. http://www.impactstudio.com.

Information Strategies. Electronic marketing, consulting, information design, Web assistance, organizational development for information technology issues. **http://www.info-strategies.com.**

Ironwood Electronic Media. Offers electronic marketing services for businesses. **http://www.cris.com/~ironwood/iwbusiness.htm.**

Magic Hour Communications. **http://www.magic-hour.com.**

SpectraCom. Provides strategic planning and electronic marketing services. **http://www.spectracom.com.**

設備／場地名錄

America's Meeting Places. Published by Facts on File.

Auditorium/Arena/Stadium Guide. Published by Amusement Business/Single Copy Department, Box 24970, Nashville, TN 37202.

International Association of Conference Centers Directory. Published by International Association of Conference Centers, 45 Progress Parkway, Maryland Heights, MO 63043.

Locations, etc: The Directory of Locations and Services for Special Events. Published by Innovative Productions.

The Guide to Campus and Non-Profit Meeting Facilities. Published by AMARC.

Tradeshow and Convention Guide. Published by Amusement Business/Single Copy Department, Box 24970, Nashville, TN 37202.

參考書目

Ashman, S. G., and Ashman, J. (1999). *Introduction to Event Information Systems.* Washington, DC: George Washington University.

Catalano, F., and Smith, B. (2001). *Internet Marketing for Dummies.* Foster City, CA: IDG Books Worldwide.

Catherwood, D. W., and Van Kirk, R. L. (1992). *The Complete Guide to Special Event Management, Business Insights, Financial Advice, and Successful Strategies from Ernst & Young, Advisors to the Olympics, the Emmy Awards and the PGA Tour.* New York: John Wiley & Sons.

Cohen, W. A. (1987). *Developing a Winning Marketing Plan.* New York: John Wiley & Sons.

Diamond, C. (2000). "Marketing/Reg. Tool Is Hailed as Next Big Thing." *Meeting News,* November 6.

Dolan, K., Kerrins, D., and Kasofsky, G. (2000). *Internet Event Marketing.* Washington, DC: George Washington University.

Eager, B., and McCall, C. (1999). *The Complete Idiot's Guide to Online Marketing.* QUE.

Fried, K., Goldblatt, J., and Rutherford-Silvers, J. (2000). *Event Marketing.* Washington, DC: George Washington University.

Goldblatt, J. (2001). *Special Events, Twenty-First Century Global Event Management.* New York: John Wiley & Sons, Inc.

Keeler, L. (1995). *Cyber Marketing.* AMACOM.

Jeweler, S., and Goldblatt, J. (2000). *The Event Management Certificate Program Event Sponsorship.* Washington, DC: George Washington University.

Judson, B. (1996). *Net Marketing—Your Guide to Profit and Success on the Net.* Wolff New Media.

Lang, E. (2001). "Six Essential E-Mails for Registrants." *Association Meetings,* June.

Mack, T. (2000). "Electronic Marketing: What You Can Expect." *The Futurist,* March/April.

Rich, J. R. (2001). *The Unofficial Guide to Marketing Your Business Online.* Foster City, CA: IDG Books Worldwide.

Rosa, J. (1999). "E-commercials: Revolutionizing Electronic Marketing." *Computer Reseller News,* August 23.

Sterne, J. (2001). *World Wide Web Marketing: Integrating the Web Into Your Marketing Strategy.* New York: John Wiley & Sons.

Ukman, L. (1999). *IEG's Complete Guide to Sponsorship.* Chicago: International Events Group.

US Web, and Bruner, R. E. (1998). *Net Results: Web Marketing That Works.* New Riders.

Waldorf, J., and Rutherford-Silvers, J. (2000). *The Event Management Certificate Program Sport Event Management and Marketing.* Washington, DC: George Washington University.

Whitman, D. "Exchange Links and Lure New Customers—for Free." *Net Progress.* Microsoft Central.com.